Motivación y creatividad en clase

Kaye Thorne

Biblioteca de Aula | 246

Título original: *Essential Creativity in the Classroom: Inspiring Kids*

Biblioteca de Aula
Serie Didáctica / Atención a la diversidad

C/ Francesc Tàrrega, 32-34. 08027 Barcelona
www.grao.com

1.ª edición: mayo 2008
ISBN: 978-84-7827-624-0
D.L.: B-20.010-2008

Diseño de cubierta: Xavier Aguiló
Impresión: Imprimeix

Para Charlotte y Anabel Sinclair, Luke Thorne y los niños de todas partes.

Vivid siempre vuestros sueños y haced de este mundo
un lugar más original e inspirador.
Nunca creáis a quien os diga que no sois capaces de hacerlo.
Simplemente creed de corazón que podéis.

Índice

Introducción

Éste no es un libro acerca de planes docentes ni de cómo enseñar creatividad, sino que investiga cómo promover un ambiente favorable a ésta y cómo, trabajando de un modo creativo, puede aprovechar su potencial y el de sus alumnos. También profundizará en la idea de conectividad, vincular a los padres con las escuelas, a las escuelas y la industria con la comunidad y a las naciones entre sí. Puede parecer ambicioso, pero sin la conectividad, quedamos reducidos a iniciativas aisladas, guijarros lanzados a la piscina de la humanidad que, juntos, pueden crear una ola de esperanza y optimismo.

¿Por dónde empezamos?

Es necesario establecer ciertos fundamentos. ¿Qué caracteriza a un buen profesor? El sistema educativo es propenso a la experimentación y al síndrome del emperador desnudo; sufridos educadores se ven sometidos una y otra vez a cambiantes políticas gubernamentales, inspecciones, estándares, decisiones contradictorias y nuevas iniciativas y, pese a todo, intuitivamente muchos profesores saben qué es lo correcto. Todos conocemos casos del profesor que con un par de frases consigue estimular al alumnado, le basta con tratarlos como a iguales, sonriendo, implicándose y mostrando un interés genuino por los niños a los que enseña.

La clave está en el compromiso. Cualquiera que asistiera al concierto que Robbie Williams ofreció en Knebworth en agosto de 2003 no pudo sino maravillarse al ver que un minúsculo individuo encaraba durante tres noches consecutivas a multitudes de más de 125.000, disponiendo de ellos a su gusto.

Aparte del mayor evento musical en la historia del Reino Unido lo que se presenció fue un diálogo extraordinario entre un hombre y una enorme masa de gente integrada por quienes esperaron pacientemente durante horas para entrar y a quienes les tocó esperar hasta seis horas para poder salir del coche. A lo largo del espectáculo, Robbie habló de su vida, animó a la multitud a rechazar la droga, presentó a su madre, a un extremo del escenario, y comenzó diciendo «Knebworth, por primera vez en mi vida me faltan palabras. Esta noche espero poder ofrecer un espectáculo digno que os haga sentir orgullosos».

A finales de los años setenta, los trabajadores sociales empleaban con frecuencia las siglas «REG», abreviatura de «respeto, empatía y genuinidad», que en la actualidad han sido adoptadas en infinidad de ámbitos como la salud pública o la educación. Parece improbable que Williams se hubiera entrenado para orquestar aquella audiencia, pero lo que hizo fue una demostración práctica de REG. Empleando la misma intuición que caracteriza al buen profesor, él conocía a su público, generó empatía atendiéndoles y a cambio ellos hicieron lo propio, escuchando cuando hablaba y comprendiendo que, sin lugar a dudas, estaba siendo sincero. Más tarde, en mayo de 2006, repetiría la hazaña en el partido benéfico de fútbol Soccer Aid. Estamos ante un joven que tuvo problemas con la fama y la gestión de su talento hasta que encontró el modo adecuado de canalizar su creatividad.

Puede que las escuelas provoquen un mal recuerdo, pero todos nos acordamos de los buenos profesores, aquellas personas que alentaron y promovieron nuestros talentos embrionarios, gente que nos ayudó a creer en nosotros mismos, que supo identificar en nosotros algo de lo que ni siquiera éramos conscientes. Ésos son los educadores que a diario muestran una actitud REG e inspiran al resto; quienes, empleando su entusiasmo, dinamismo y compromiso, nos animan a superar los límites de nuestra experiencia y a intentarlo de nuevo cuando fracasamos. Lamentablemente, tampoco olvidaremos a aquellos otros profesores que nos hacían de menos, asegurándose de que permanecíamos callados, poniendo de relieve nuestros errores y convirtiéndonos en objeto de burla.

Una de mis principales motivaciones a la hora de escribir este libro fue ayudar al alumno creativo a realizar un tránsito satisfactorio a lo largo de los diferentes niveles educativos hasta alcanzar la vida laboral. Quería saber cuál es el mejor método para impulsar al niño risueño de 3 años que entra en la escuela infantil rebosante de curiosidad a orientarse con éxito en su trayecto a través del aprendizaje educativo hasta que lo termina con 16, 18 o los que sean, todavía inquieto y curioso pero más sabio tras un viaje de descubrimiento personal.

Durante los años que trabajé en el terreno de la orientación profesional encontraba desolador descubrir a jóvenes que a lo largo de su vida no habían explotado o ni siquiera llegado a comprender cuál era su potencial. Igual de desalentador resultaba asesorar a personas más adultas que, a mitad de su carrera o cerca de su final, todavía lamentaban sus primeras experiencias formativas.

Lo que ocurre en nuestros centros educativos puede tener una enorme influencia en el desarrollo individual. He dedicado toda mi carrera profesional a la educación o a departamentos de aprendizaje y desarrollo y he aquí algunas cosas que he presenciado:

- Adolescentes de 16 años saliendo de la escuela sin mayor comprensión acerca de quiénes son, cómo aprenden, y cómo explotar su potencial que los niños de educación infantil a quienes yo enseñaba.
- Individuos talentosos y creativos perdiendo el tiempo en corporaciones hasta que pueden dejarlo y establecer su propio negocio o hasta que ascienden a un escalafón suficientemente elevado como para poder hacer uso de su capacidad.
- Graduados que se mueven sin rumbo de un trabajo a otro, o deciden tomarse un año sabático porque realmente no saben lo que quieren hacer, y finalmente aceptan cualquier empleo para poder pagar sus deudas.
- Adultos que, al llegar su «tercera edad» laboral, deciden arriesgarse y emprender aquello con lo que siempre soñaron.
- Finalmente, algún joven enérgico y altamente creativo que, habiendo recibido el respaldo adecuado, está dispuesto a cambiar el mundo laboral y se encuentra en el momento y el lugar adecuados haciendo lo que les gusta, trabajando para sí mismos o para organizaciones que se han preocupado en entender la creatividad y el talento.

He conocido profesores y catedráticos comprometidos que trabajan excepcionalmente duro para crear ambientes que insten al aprendizaje; el objetivo es que todo niño, de cualquier nivel o escuela, reciba una enseñanza de calidad que le descubra sus aptitudes e inspire a explotar ese talento. En la era de las camisetas con mensaje quizás deberíamos dar a cada niño una que dijera «Nadie puede hacernos sentir inferiores sin nuestro consentimiento» (Eleanor Roosevelt) y, a los maestros «Nunca es tarde para ser lo que deberías haber sido» (George Eliot).

Cómo usar este libro

En el libro se analizarán una serie de temas clave:

- Capítulo 1: «Atreverse a ser diferente. La clave de la creatividad y la innovación». En este capítulo exploraremos el contexto para el desarrollo de la creatividad y la innovación, reconociendo que la industria pone en práctica lo que las escuelas fomentan. Si creamos generaciones de chavales incapaces de pensar por sí mismos e indiferentes a las nuevas ideas, no habrá innovación.

- Capítulo 2: «¿En qué consiste ser creativo?». En este capítulo analizaremos la creatividad desde diferentes perspectivas, presentando primero algunas definiciones del término para, a continuación, examinar algunos de los retos y de los beneficios del ser creativo, y acabar aplicándolo a contextos prácticos.
- Capítulo 3: «La fuente de la creatividad». En este capítulo estudiaremos el trasfondo y algunos de los principios fundamentales de la educación con el objetivo de fomentar un acercamiento más creativo al aprendizaje.
- Capítulo 4: «Abriendo las ventanas de la mente. Cómo crear un entorno que inspire el aprendizaje». En este capítulo observaremos las experiencias educativas de jóvenes identificando qué condiciones se deben dar para que tanto ellos como sus maestros puedan ser creativos y, fundamentalmente, para hallar potencialidades que puedan explotar, más allá de su mera educación formal, a lo largo de sus vidas.
- Capítulo 5: «Tutorías (charlas de orientación)». En este capítulo nos centraremos en diversos métodos para crear conversaciones que impliquen al educando, le muevan al compromiso y le ayuden a establecerse metas significativas. Muchos buenos maestros son asesores por naturaleza, pero no todos emplean esta metodología.
- Capítulo 6: «Ansia por aprender. Apoyando a niños superdotados». Para redescubrir la capacidad creativa, a menudo es necesario olvidar y volver a recibir algunas de las lecciones aprendidas en la infancia. No todo el mundo responde al entorno educativo tradicional; en este capítulo exploraremos las oportunidades que existen para niños con capacidades especiales y cómo crearles espacios de mayor integración.
- Capítulo 7: «Generar autoestima». Son muchos los adultos que todavía acusan la influencia negativa de su paso por el colegio; en este capítulo presentaremos métodos para animar al niño a desarrollar resistencia y confianza en sí mismo.
- Capítulo 8: «Creatividad y formación semipresencial». En este capítulo incidiremos en la utilidad de la formación semipresencial para

acompañar el desarrollo de la creatividad y cómo los diferentes medios pueden completar el aprendizaje del estudiante.

- Capítulo 9: «Creatividad y empleo». En este capítulo nos dedicaremos a las relaciones que se establecen entre escuela y trabajo, y a cómo ayudar a jóvenes creativos a diseñarse un futuro profesional, incluyendo la vía empresarial. También analizaremos cómo crear la marca Yo.
- Capítulo 10: «Desarrolla tu potencial creativo». En este capítulo ofreceremos pautas al docente para el desarrollo de su creatividad y facilitaremos fuentes de inspiración.
- Capítulo 11: «Otras vías. Cómo enriquecer tu vida». En este capítulo demostraremos que, al dedicar parte de su tiempo a la consecución de sus propias ambiciones, el educador genera un ambiente estimulante, redundando en beneficio de sus alumnos.

Algunos presupuestos

La naturaleza y el ámbito de la creatividad son tan amplios que he tenido que adoptar ciertos presupuestos acerca del conocimiento del lector. Asumo que, si quien lee esto es profesor o se encuentra en proceso de serlo, habrá estudiado las teorías e investigaciones académicas referentes al pensamiento, la creatividad y el proceso de aprendizaje. En el libro se ha intentado reunir corrientes de pensamiento actuales acerca de la creatividad, las técnicas de enseñanza y la investigación con mentes creativas para establecer las conexiones entre educación y empleo. Soy consciente de que algunos de los conceptos, métodos o técnicas aquí tratados resultarán familiares a muchos de los lectores, y tan sólo se han incluido como referencia para el debate importante, el relativo a la creatividad. He tratado de escribir un libro relevante para docentes de cualquier nivel, por eso he distinguido entre los términos «educando», «niño» y «estudiante».

Los capítulos se han ordenado siguiendo una secuencia lógica, pero la experiencia nos enseña que la gente creativa se caracteriza por la originalidad, el entusiasmo y la capacidad de asumir riesgos. Así que empleen el libro como mejor se adecue a su método de aprendizaje: ordenadamente, ojeándolo o ¡incluso empezando por el final!

Motivación y creatividad en clase está expresamente orientado al desarrollo del potencial creativo. Imaginen que a todo el mundo se le animase a realizar su potencial, a explorar las posibilidades de su vida, a soñar lo imposible y, habiéndolo soñado, a luchar hasta alcanzarlo. Imaginen que individuos y colectivos, padres e hijos, amigos y compañeros de trabajo, se apoyaran unos a otros y disfrutaran realmente del éxito ajeno. ¿Y si, en lugar de mensajes negativos, nos reafirmáramos e incitáramos los unos a los otros al éxito? ¿Qué influencia tendría en nuestros centros educativos?

Ha sido difícil terminar de escribir este libro; por su propia naturaleza, la creatividad siempre está ofreciéndonos nuevos descubrimientos. Nuestra curiosidad acerca del aprendizaje y su entorno ideal implica que, a medida que se introducen avances tecnológicos y el mundo se hace más global, podemos acceder a información, contactar con investigadores y llegar a comprendernos mejor a nosotros mismos y a los niños, estudiantes y educandos con quienes trabajamos.

Estoy inmensamente agradecida a todas las personas dotadas y con talento que, de buena gana, han compartido sus reflexiones, perspectivas y pasiones conmigo a lo largo de mi continua investigación sobre la creatividad. Sin su aportación este libro no se habría escrito. Espero que lo disfruten.

Descubrir consiste en ver lo que todos han visto
y pensar lo que nadie ha pensado.
(Albert von Szent-Gyorgyi)

1

Atreverse a ser diferente. La clave de la creatividad y la innovación

¿Cuán creativo eres? ¿Podrías incitar a otros a la creatividad? ¿Promueve tu organización la creatividad? Son preguntas importantes en el entorno educativo actual. En este capítulo se explora el contexto necesario para el desarrollo de la creatividad y la innovación, partiendo de la idea de que el mundo laboral aplica lo que las escuelas le ofrecen. Si creamos generaciones de jóvenes incapaces de pensar por sí mismos, que no se vean excitados por las ideas novedosas, que no puedan afrontar pensamientos complejos, no obtendremos innovación.

La generación de una cultura de la innovación se considera uno de los aspectos críticos para las organizaciones del siglo XXI. La industria se va percatando cada vez más de la importancia de la creatividad y la innovación. En *Bussiness week* (26 de marzo de 2006), Bob Sutton, autor de *11$^{1/2}$ ideas insólitas que funcionan*[1] (2002) y profesor de ingeniería en Stanford afirma que:

> *Los mejores candidatos laborales poseerán en adelante una destreza creativa fruto del desafío que supone trabajar con diferentes tipos de personas en diversos proyectos. Está bien poseer un máster, pero no es suficiente.*

En el mismo artículo se hace referencia a un sondeo realizado por el Boston Consulting Group en 2005 que revela que casi tres cuartas partes de

1. N. del Ed.: En el caso de los libros que se han editado en lengua castellana, su referencia aparece en dicha lengua.

sus compañías aumentarán la inversión en innovación, superando el 64% de 2004. Cerca de un 90% de los ejecutivos encuestados dijo que para la prosperidad de sus empresas es necesario generar un crecimiento orgánico a través de la innovación.

Pero, ¿hasta qué punto va a cumplir la educación con los requerimientos del futuro? En el capítulo 9 examinamos el impacto que este planteamiento ejerce en la preparación de jóvenes para el empleo.

«La penicilina, el ordenador, el horno microondas, y la Red son sólo cuatro ejemplos de creatividad puntera inglesa que vienen a la mente automáticamente. No obstante, pese a haber sido inventados aquí, se desarrollaron en otros lugares», expone Nigel Crouch en *Innovation: The Key to Competitive Advantage* (2000). Y continúa:

> *El Reino Unido posee un vergonzoso historial en la explotación exitosa de ideas para hacer de ellas innovaciones lucrativas. ¿Cómo salvar la brecha entre la inspiración inventiva y la innovación pura y dura? Es alentador que la respuesta se encuentre cerca de casa, en el ejemplo de las compañías British Millenium Product, que han contribuido al programa Living Innovation, dirigido por la Future and Innovation Unit del DTI en colaboración con el Design Council. Han analizado los procesos de modernización en el trabajo de una muestra escogida al azar de Millenium Products y ha llegado a una serie de conclusiones en lo concerniente a cómo progresar de manera eficiente.*

El informe expone que, en esencia, la innovación exitosa se reduce a tres elementos clave:

1. Especial comprensión de los clientes y mercados.
2. Una capacidad extraordinaria para la ejecución.
3. Liderazgo cultural e inspirador.

Y añade que es imprescindible que la compañía los ponga en práctica ordenadamente si quiere influir en sus principios más fundamentales.

Pero no habría progreso si no dispusiéramos de ideas creativas primero. Del mismo modo, identificando cómo innovar exitosamente sólo avanzamos un paso en el largo trayecto hacia la innovación a nivel mundial. Los primeros pasos hacia este objetivo se realizan en la escuela, con el desarrollo y el fomento del pensamiento creativo y el aprendizaje de métodos para la articulación de ideas creativas. En *Head strong* (2001) Tony Buzan afirma que las ideas creativas deben ser «originales, fuera de la norma y, por lo tanto, suelen resultar emocionantes».

El profesor Stephen Heppell, en la introducción al suplemento del *The Guardian, Create and Motivate Education*, en el monográfico titulado: *Using Technology to Encourage Creativity in Class* (7 de marzo de 2006), confiesa su sorpresa ante la no inclusión de la creatividad en un reciente informe gubernamental británico, *Higher Standards, Better Schools for all* (octubre 2005):

> *¿Cuántas menciones recibe en el informe* Higher Standards, Better Schools for all? Estándar *es mencionado 144 veces.* Suspenso *aparece 53 veces. Sorprendentemente, las palabras* creativo/a *y* creatividad *ni se mencionan, algo sin precedentes en un documento de política educacional del siglo* XXI*. Pero, mientras que el informe pasa por alto la creatividad, nuestros educadores, estudiantes y padres la adoptan, apoyándose en nuevas y muy útiles herramientas. Colegios de todo el Reino Unido están alcanzando niveles sorprendentes de compromiso y esfuerzo, fruto de un enfoque particular en las actividades creativas.*

Más adelante, en el mismo suplemento, Julie Nightingale cita a Alan Rodgers, portavoz de la organización Naace para el asesoramiento de la educación a través de las tecnologías: «La gente empieza a sentirse cómoda en las actividades creativas, prefiriéndolas a anquilosarse en los rígidos perfiles laborales de la QCA[2]», y a Mark Rogers, director ejecutivo de Apple Reino Unido, Irlanda y los países nórdicos, «La vía creativa es la mejor opción para una buena parte de alumnos y alumnas; y esto no significa que sólo cierto tipo de estudiante deba tener acceso a actividades creativas en el currículo, de hecho, supone un modo diferente de hacer las cosas para cada persona».

Por otra parte, hay que reconocer las conclusiones a las que llega OFSTED[3] en el informe *Expecting the unexpected: Developing Creativity in Primary and Secondary Schools* (agosto de 2003):

En términos generales, los inspectores descubrieron que:

- En la mayoría de las escuelas visitadas, los directores otorgaban al desarrollo de la creatividad un lugar alto en sus listas de prioridades.
- Los colegios que promovían la creatividad de manera efectiva mostraban una actitud abierta, desprejuiciada, y receptiva a ideas de agentes externos.

---

2. QCA (Qualifications and Curriculum Authority): Organismo público del Reino Unido encargado del mantenimiento y desarrollo del Plan Nacional de Estudios y de sus evaluaciones, pruebas y valoraciones. También acredita y controla la adjudicación de premios y certificados escolares y laborales.
3. OFSTED (Office for Standards in Education, Children's Services and Skills): Organismo oficial británico para la inspección de centros escolares. Publica regularmente informes con análisis detallados de sus investigaciones.

- La creatividad de los niños y niñas no se asociaba a nuevos métodos radicales de enseñanza, sino a la disposición del profesorado a atender, escuchar y trabajar mano a mano con los alumnos para ayudarles a desarrollar sus ideas de manera provechosa. Para ilustrar esto ofrecía el ejemplo de un maestro de primara que dijo a su clase: «En mis lecciones se espera lo inesperado».

Sin embargo, si analizamos en perspectiva el recorrido que lleva desde la incubación de una idea hasta su acertada puesta en práctica, todavía queda un gran camino antes de que toda escuela, de primaria, secundaria y educación superior, u organización asuma la importancia de la creatividad y la innovación y las desarrolle de forma integrada. ¿Cómo hacer, entonces, para fomentar la creatividad y la innovación? Centrémonos primero en esta última.

Innovación

Uno de los conceptos más manidos de la comunicación empresarial es el de *innovación*; aparece indistintamente en la declaración de misión, en la selección de personal e, indefectiblemente, en el ámbito publicitario. Hasta tal punto que la obsesión por alcanzarla a menudo nubla la comprensión de cómo hacerlo. Pregunte al presidente de cualquier compañía, todos coincidirán en que la innovación es importante. Si, a continuación, se les pregunta qué hacen al respecto responderán con reservas. Lo cierto es que, mientras que todos la desean, realmente no saben qué hacer para conseguirla.

Se ha organizado mucho revuelo en torno a las empresas «innovadoras» y la creencia generalizada de que es necesario tener un líder como Branson, Dyson o Gates; cuando, en realidad, cualquier organización está capacitada para el fomento y el desarrollo de la novedad. Precisamente, resulta tan relevante promover una cultura de la innovación en la educación como lo puede ser en una organización corporativa mayor.

Algunos centros educativos considerarán que la creciente presión externa les impide la posibilidad de innovar. Sujetos a un número creciente de controles, informes y estándares que se deben cumplir, podrían poner en duda su oportunidad de ser innovadores. Sin embargo, colegios como el Combes School (véase el capítulo 4) afrontan con actitud positiva su oportunidad aunque sea a costa de prácticamente retar a ciertas instituciones. Se trata de saber crear el ambiente adecuado y saber ver los problemas como oportunidades, no de invertir grandes recursos. Lo que se requiere es una verdadera comprensión de cómo funciona la innovación y un compromiso con la construcción de un espacio que además de invitar a la aparición de ideas, también permita su consecución. Una organización verdaderamente próspera no innova simplemente, sino que acelera y vuelve a innovar.

Apoyar la creatividad y la innovación

Siempre se ha tachado a las personas creativas de ser «difíciles de controlar»; a las empresas innovadoras se las considera inusuales, con un cierto nivel de «chaladura». Como resultado, muchas instituciones tienen reservas respecto a su capacidad para adoptar dichas diferencias.

Tom Peters, en su libro *El círculo de la innovación: amplíe su camino hacia el éxito* (1998), ofrece ejemplos de estos puntos de vista al reproducir las siguientes citas de diferentes autores:

> *Nuestros productos más preciados los desarrollaron llevados por la intuición, las conjeturas y el fanatismo, creadores excéntricos o, directamente, locos de atar.*
> (Jack Mingo, autor de *How the Cadillac got its fins*)

> *¿Decís que no queréis al impulsivo, al volátil o al impredecible, tan sólo al imaginativo? Lo siento, no se venden por separado. Se lo puedo ofrecer dedicado, leal, honesto, realista y entendido, pero la parte de la innovación será bastante limitada.*
> (Patricia Pitcher, autora de *The drama of leadership*)

Daniel Goleman, en su libro *La práctica de la inteligencia emocional* (1999) lo describe así:

> *La mente creativa es, por propia definición, difícil de controlar. Experimenta una tensión natural entre el autocontrol metódico y el impulso innovador. No es que las personas creativas estén emocionalmente descontroladas; más bien están dispuestas a emplear una cantidad de impulsividad y acción mayor que otros espíritus menos aventureros. Eso es, al fin y al cabo, lo que crea nuevas posibilidades.*

Comenzando a una edad temprana, estos individuos creativos pueden haber vivido toda una vida de preguntas, o de ofrecer sugerencias que habrán sido desechadas o ignoradas, tildadas de descabelladas, poco prácticas, o muy difíciles de responder. Los motivos son muchos. A menudo, la disposición a la creatividad y a enunciar ideas novedosas se han considerado comportamientos fuera de lo normal; no es extraño ver a mentes creativas sufrir por su capacidad antes de alcanzar el reconocimiento.

De todos modos, las organizaciones verdaderamente innovadoras son aquellas que no sólo reconocen y fomentan la creatividad y la innovación en un grupo especial de «creativos», sino que extiende la filosofía de la «buena idea» a todos los empleados.

La creación del ambiente adecuado puede suponer todo un reto. Tradicionalmente, la incomprensión del proceso de innovación llevaba a la división en dos modelos: los que son creativos y los que no, basándose tanto en la valoración que uno hace de sí mismo como en la percepción del resto. Al comprender cómo funciona el proceso de innovación, individuos y equipos pueden valorar de manera más justa y respetar las aportaciones ajenas.

El control sobre el proceso de innovación es crucial para asegurar su éxito. Comenzando por los colegios: comprender cómo surgen las ideas, el respaldo a las mentes creativas, y fomentar la libertad de pensamiento son parte importante del rol de todo profesor. Un centro excelente es aquel que organiza equipos dónde la gente innovadora recibe el apoyo de otros que pueden ayudarles a materializar sus ideas. Semejante ambiente se nutre de la confianza entre sus integrantes, que permite cuestionar, poner a prueba o incluso modificar las ideas mientras se permanece fiel al concepto original, lo cual permite a la mente creativa avanzar y generar la siguiente buena idea.

Si quieres evaluar la capacidad de tu escuela para fomentar la creatividad, te interesará encontrar respuesta a las siguientes preguntas:

- ¿Contamos con el apoyo de la dirección? ¿Patrocinan el director y su junta el progreso y la originalidad?
- Como equipo, ¿aboga el profesorado por la generación de ideas?
- ¿Aceptamos ideas que rompan con los antecedentes de nuestra institución?
- ¿Promovemos el intercambio de ideas y perspectivas?
- ¿Ofrecemos a los niños y niñas, a los jóvenes y a los empleados espacio personal para ser creativos?
- ¿Toleramos el fracaso en la búsqueda o consecución de una buena idea?
- ¿Se consideran necesarios los cambios de dirección?
- ¿Recompensamos las ideas que mejoran el prestigio de nuestro centro?

Características de la organización creativa e innovadora

Las organizaciones creativas e innovadoras:

- Cultivan la creatividad.
- Dan su apoyo, sin por ello dejar de retar.
- Desarrollan verdadero trabajo en equipo.
- Potencian el contacto y la coordinación interescolar.
- Establecen redes de contactos.
- Promueven la innovación.
- Reconocen los pequeños cambios.
- Dedican tiempo a la reflexión y el debate.
- Invitan a la participación activa y la implicación.
- Generan un clima de cooperación y confianza.

En el próspero entorno económico actual es fundamental conservar a los buenos profesores; un director debe saber identificar los motivos por los que un buen profesor decidiría permanecer con él.

¿Cómo pueden promocionar innovación y creatividad las escuelas?

1. Considerando las buenas ideas como una filosofía de toda la escuela en lugar de algo exclusivo de unas pocas cabezas creativas. Potenciando el espíritu emprendedor.
2. Reconociendo el proceso de innovación y fomentando el trabajo conjunto de los niños y del personal que les permita construir sobre las fortalezas del otro.
3. Animando a uno o dos individuos a adoptar un enfoque proactivo en la propuesta de ideas.
4. Suspendiendo los juicios demasiado críticos y sustituyéndolos por evaluaciones y respuestas constructivas que guíen al creador de una propuesta a explorar nuevas posibilidades de ejecución. Muchas buenas ideas se abandonaron demasiado pronto al ser sometidas a juicios extremadamente duros.
5. Promoviendo los valores de confianza, integridad y libertad de espíritu.

6. Ayudando a crear un clima de autoconciencia; creando un entorno de aprendizaje en el que los individuos integrantes puedan identificar sus capacidades y preferencias para la innovación.
7. Experimentando con los puntos fuertes de cada individuo dentro del grupo, no esperemos que quienes plantean la idea sean los que la lleven a cabo. Es necesario establecer medios de comunicación y respuesta que garanticen la integridad del concepto original.
8. Manteniendo un contacto directo y continuado con los padres, el entorno, y la comunidad educativa global.
9. Invitando a gente creativa de cualquier ámbito al centro. Informando a los niños de las diferentes opciones de carreras creativas.
10. Estableciendo un sistema de cooperación y asesoramiento que permita al profesorado el intercambio de ideas y sepa valorar el conocimiento y la experiencia.
11. Sometiendo a una mejora constante los procesos de evaluación, toma de decisiones y respuesta para facilitar su puesta en práctica.
12. Incentivando a los individuos que piensen diferente. Busca ser la escuela que sirve de referente a resto.

Cuanto más nos adentremos en el siglo XXI, la necesidad de avanzar continuamente adquirirá incluso mayor importancia, y la demanda de talento seguirá siendo fundamental. No habrá progreso mientras nos aferremos al *statu quo*. En palabras de Ridderstråle y Nordstrom en *Funky Business* (2000):

> *Para triunfar tenemos que dejar de ser tan condenadamente normales. Si nos comportamos como el resto, veremos las mismas cosas, se nos ocurrirán las mismas ideas y desarrollaremos productos y servicios idénticos. Lo mejor que cabe esperar de un producto normal es un resultado normal; el ganador, en cambio, se lo lleva todo. Normal = nada. Si estamos dispuestos a afrontar un pequeño riesgo, a romper una regla insignificante, a pasar por alto algunas de las normas, existe por lo menos la posibilidad teórica de que encontremos la diferencia, nos hagamos con un nicho, creemos un breve monopolio y hagamos algo de dinero. Hacer negocios es como jugar a la lotería: si participas existen un 99% de posibilidades de que pierdas, mientras que si no participas, tus posibilidades de perder son del 100%.*

Aunque estas afirmaciones se crearon para el sector de los negocios, son válidas para el mundo educativo, no sólo en el desarrollo de escuelas excelentes sino también en la preparación de jóvenes para el mundo laboral.

2

¿En qué consiste ser creativo?

Sólo aquel que lleva un caos dentro de sí puede alumbrar una estrella.
(Nietzsche)

Este capítulo explora la creatividad desde diferentes perspectivas, ofreciendo primero algunas definiciones del término, examinando a continuación algunos de los desafíos y beneficios que supone la creatividad, para, finalmente, aplicarlos al contexto práctico de ser un sujeto creativo o trabajar con otros que lo son.

¿Qué es la creatividad?

El diccionario ofrece la siguiente definición: «Creación, o capacidad de crear, inventiva e imaginativa» (*Concise Oxford Dictionary*, 9.ª edición)[4]. Puede que sea una definición precisa, pero estas palabras combinadas no consiguen expresar lo que significa para mí o las personas creativas con las que he trabajado.

Para mí, creatividad es desorden, libertad, pensamientos revueltos, hechos y palabras luchando entre sí por hacerse con un lugar en mi cabeza, y la capacidad de decidir si dedico mi escaso tiempo libre a escribir, dibujar, pintar, ir a la playa con una cámara, salir a correr, poner mi casa patas arriba para darle un nuevo aspecto, cuidar del jardín o planear un nuevo nego-

4. N. del Ed.: El Diccionario de la Real Academia Española (22.ª ed., 2001) define «creatividad» de la manera siguiente: «f. Facultad de crear. 2. Capacidad de creación».

cio. O, de un modo más formal, es la idea inicial, la chispa de ignición, la llave de contacto, o los planos de diseño originales.

Si observamos a los grandes creativos de nuestro tiempo, identificaremos una serie de rasgos distintivos:

- Un grado de dolor y angustia que mucha gente ha sufrido por su arte.
- La falta de consideración. El talento de mucha gente no se ha visto reconocido hasta después de su muerte.
- Que, mientras que algunos mueren jóvenes, otros pueden desarrollan su capacidad de manera tardía, muchos no desarrollan su gran obra hasta bien avanzada su vida.
- Ideas y formas de vida fuera de lo común. A muchos les cuesta encajar en las convenciones sociales.
- Confianza ciega en uno mismo. Saben que tienen razón, incluso cuando nadie les cree.
- Y una inseguridad pareja. Nunca consideran que su trabajo sea suficientemente bueno.

La mente creativa puede ser un don excepcional o todo un contratiempo.

No se puede sentenciar acerca de la creatividad. Ocurre lo mismo que con la innovación; muchas organizaciones dicen buscarla, pero lo máximo que se puede hacer es proporcionar el clima y las atenciones para su cultivo. Por más que se quiera acceder a ella, dependerá de la disposición y habilidad del individuo a compartirla, especialmente cuando ya ha pasado por el trance de ofrecer alguna de sus preciadas joyas en el pasado obteniendo por respuesta la indiferencia o el desprecio del resto.

Pero sin creatividad nos es imposible innovar; necesitamos gente que produzca ideas y necesitamos a otros que puedan modificarlas. Necesitamos a gente que aprenda de los errores de otros. Necesitamos a gente que en lugar de preguntar «¿Por qué?» pregunte «¿Por qué no?» o «Y si...?» Necesitamos gente capaz de articular ideas enloquecidas y desconcertantes; necesitamos a gente que nos saque de nuestro letargo.

Por mucho que tratemos de ignorarlo, las personas creativas son diferentes. En mi investigación con sujetos que se describían a sí mismos como «inconformistas» (Thorne, 2003) se reconocían claramente las implicaciones de su inevitable necesidad de hacer las cosas de modo diferente. Resulta complicado aplicar el orden a la creatividad; estos individuos también han tenido una vida de preguntas o sugerencias continuamente ignoradas o desechadas por ser descabelladas, poco prácticas o, simplemente, difíciles de contestar.

Son muchos los motivos. La capacidad creativa o innovadora suele percibirse como algo fuera de los límites de lo correcto. A inventores como Trevor Baylis (la radio con mecanismo de cuerda), James Dyson (aspiradoras) y Steve Jobs de Apple y Pixar, se les suele tratar con una mezcla de asombro y escepticismo. La gente creativa puede padecer de muchas maneras por su labor antes de conseguir la aceptación, especialmente cuando se dedican a cuestionar fundamentos del *statu quo*.

La formulación de ideas originales y la innovación exigen una gran disciplina; toda persona creativa vive bajo la presión de jornadas con la mente en blanco y la tensión adicional que supone tener a alguien esperando sus aportaciones. Algo que se aplica a la educación de igual manera que a los negocios: es el caso del profesor que cada año organiza una representación para Navidades, el festival de fin de curso, y encuentra una idea para recaudar fondos; o la profesora que intuitivamente sabe que hay un método para hacer mejor su trabajo y encuentra el modo de aplicarlo sin preocuparse por las limitaciones de su puesto, o una solución al eterno «Nos aburrimos, señorita. ¿Podemos hacer algo diferente?».

Por otro lado, saben que, al salir del trabajo y llegar a casa, se sorprenderán elucubrando todavía y dándole vueltas al problema que les ha amargado el día. Aunque también podríamos verlo a la inversa, cuando esta gente termina su jornada oficial sabe que en cualquier momento puede sobrevenirles la inspiración con una solución a su dilema. No son todo malas noticias: trabajadores del mundo de la educación, aprendizaje y desarrollo están de acuerdo en que su ambiente ofrece a la gente más oportunidades de ser creativo que a la mayoría. Lo que frustra al profesorado es cuando estas oportunidades le son reducidas, cuando el pedagogo creativo e intuitivo que disfruta estimulando la imaginación infantil se sorprende dedicando más tiempo al papeleo que a la preparación del alumnado.

El desarrollo de la creatividad requiere convencerse de que cada persona es diferente y darles su tiempo para pensar o crear su propio espacio personal. Generalmente, sólo son necesarios ligeros cambios en el sistema para permitir el grado de flexibilidad que reclaman los creativos. Habrá que conseguir la implicación y el apoyo del director al proceso de innovación si se busca una puesta en práctica satisfactoria.

Comprender cómo se generan las ideas, el patrocinio de la inteligencia creativa, y el respeto al derecho de los empleados a pensar son partes importantes en la labor de todo director. Estos reconocimientos se completan si se facilita la oportunidad de establecer un *feedback* real y constructivo. El proceso debe ser evaluado y probado para identificar qué funciona y qué podría afrontar mejoras. Un director ejemplar organiza equipos en los que los sujetos creativos e innovadores tengan el respaldo de otros que les puedan ayudar a explorar sus ideas y a llevarlas un paso más adelante en el proceso de hacerlas suceder.

En un entorno así se establece un nivel de confianza que permite trabajar con las ideas y modificarlas permaneciendo fieles al concepto original, mientras que el equipo creativo continúa buscando la siguiente idea.

Como parte de las investigaciones preliminares para la escritura de este y otros libros, se realizaron cuestionarios acerca de las dificultades de la creatividad. A continuación, se reproducen algunas de las respuestas.

¿Cuál es la peor parte de ser creativo?

- «Sin lugar a duda, pasar de la idea a la acción. Me aburro con facilidad y me sorprendo divagando, evitando mis tareas. ¡Supongo que me falta disciplina!».
- «Muchas ideas y falta de tiempo».
- «El bloqueo creativo, probablemente».
- «Encontrar la idea inicial. También me cuesta "crear" para algo que no me interese».
- «Lo más complicado es elaborar y terminar las ideas. A veces pienso que todo el mundo puede tener una idea, pero es al llevarla a cabo cuando la entiendes bien. Conseguir tiempo para poner en práctica las ideas, eso es lo difícil».
- «Que nunca estoy convencido de haber terminado o de que sea suficientemente bueno... Siempre veo otra posibilidad».
- «Que el resto de personas no entienda la idea».
- «¿Hacer las cosas en orden? ¿Conseguir que la gente se implique? ¿Aceptar que mi idea no es siempre la mejor?»
- «Conseguir que otros reconozcan, crean y aprovechen una oportunidad existente».
- «Convencer al resto de la utilidad de mis ideas. A veces ni me esfuerzo».
- «No estoy seguro de poder responder esta pregunta porque disfruto de todo lo que supone ser creativo. Considero una suerte pasar la noche en vela manejando ideas, incluso cuando no sé cuál puede ser su aplicación. Disfruto cuando otros me llaman requiriendo mis ideas».

- «Para ser honesto, creo que lo más frustrante es pensar que en cualquier momento a otra persona se le ocurrirá la misma idea por mucho que yo la haya pensado primero. Supongo que me gusta ser el primero y el único. En cuanto todo el mundo lo hace pierdo la ilusión y quiero encontrar algo nuevo. También que tengo una imaginación muy fértil, que me dificulta la estancia en hoteles elegantes y sugerentes... en serio, me resulta imposible conciliar el sueño, y eso es definitivamente malo».
- «Encontrar un empleo y compañeros que verdaderamente demanden y puedan asimilar lo creativo y no convencional. La mayoría de la gente busca seguridad y familiaridad».
- «Comenzar partiendo de cero cuando el tema se escapa de mi propia experiencia».
- «¡Comprender cuándo no es apropiado!»
- «Hacer que otros entiendan lo que tienes en la cabeza y lo aprecien».
- «Saber cuando es suficiente».
- «Cuando te faltan ideas y te esfuerzas excesivamente por conseguirlas».
- «La falta de medios y la lucha por conseguirlos. Tener que hacer frente al conflicto que conlleva el cambio. Los compañeros reticentes y los gestos de desdén».
- «Ir por delante de los demás, que no entienden mis aportaciones».
- «Aquellas personas que se dedican a obstaculizar y carecen de visión. Generalmente son vagos».
- «Ejercer de profeta en mi propia tierra».
- «Mantener el nivel de energía de cara a tu competidor».

¿Qué es lo más gratificante de ser creativo?

En ocasiones la gente creativa se enfrenta a la acusación de ser inconstantes. No deja ser interesante, en cambio, que muchos de los entrevistados indicaran la aplicación de sus ideas, asistir a su realización, como uno de los momentos importantes de su labor. Algunos mencionaron el estímulo, la energía, la excitación y, en definitiva, el orgullo de formar parte del proceso de creación. Otros dieron importancia al hecho de ser diferentes, pioneros, y mencionaron el desencanto que experimentan cuando el resto les alcanza y adopta sus innovaciones, impulsándoles a buscar nuevos descubrimientos. Una breve selección de las respuestas:

- «¡Ver tu creación en uso!»
- «Ver ideas concretarse y obtener resultados. Solucionar problemas y obtener resultados empleando enfoques diferentes. Conseguir que la gente desarrolle un pensamiento distinto. Me encanta el momento "eureka", el momento de la iluminación, es algo que me vuelve loco».

- «Asistir a la conclusión del proceso... y recibir como *feedback* que esas ideas son buenas».
- «Obtener un producto/solución elegante y el aplauso de los tuyos. La excitación de hacer un descubrimiento que haga a los demás gritar "¡Sí!" Y, luego, verlo suceder».
- «La diversión que proporciona una idea está bien, pero la verdadera recompensa la recibes al ver lo que has creado, ya sea en el jardín o publicado en el trabajo».
- «El triunfo... la consecución de objetivos de manera simple y brillante».
- «La gente con la que consigo trabajar».
- «Ser capaz de crear el mundo en el que quiero vivir; todavía no está todo conseguido, pero estoy en ello. Como dijo Henry Ford: "Tanto si piensas que puedes, como si piensas que no puedes, estás en lo cierto"».
- «Demostrar a los escépticos que estaban equivocados; resolver el "problema" y ver el resultado (¡que no tiene por qué ser el que yo había imaginado!)».
- «El éxito. Saber que conseguiste un atajo mejor que las vías más transitadas».
- «La sensación que sientes cuando todo se aclara y has dado con un concepto (la bombilla se enciende)».
- «Descubrir tu verdadera identidad y cambiar todos los planes».
- «Satisfacer las expectativas puestas en la idea».
- «El éxito. Que el equipo o el negocio haya triunfado haciendo algo que otros no pudieron o no supieron ver».
- «Ser diferente... aunque por un rato. Ver las conexiones antes que el resto».
- «Recibir alabanzas por ser creativo siempre es una motivación... ¡porque nunca fui bueno dibujando en el colegio! Ahora sabemos que eso no significa que no seas creativo pero, incluso hoy en día, me gustaría poder dibujar y pintar más que cualquier otra cosa. Supongo que ser considerado una persona creativa me maravilla».
- «Destacar».
- «Ser "propietario" de una idea».
- «La originalidad».
- «Ver algo nuevo y diferente tomar forma».
- «La sensación de satisfacción personal que siento cuando la gente se entusiasma con una idea mía».
- «La creación y la conexión con los otros y con el momento».
- «La diversión, y la diferencia, y lo inusual, y el sentimiento de recompensa que uno obtiene... y, por supuesto, el *orgullo*».

¿Qué hacer para ayudar a los niños a explotar su creatividad?

El resto de este libro estará dedicado a esta cuestión, pero lo interesante es que, mirando las anteriores respuestas, dadas por adultos, se empieza a vislumbrar qué es lo que mueve a un niño creativo. En el capítulo 6 se analizará con detalle a los niños superdotados, pero éstos podrían ser o no ser creativos; puede que la creatividad sea un poco más complicada de medir y clasificar.

Puede que jamás llegues a vislumbrar el interior de la creatividad de algunos niños, y será porque no saben cómo dejarte entrar. Por la razón que sea no alcanzan a comprender la importancia de lo que guardan en su interior. Saben que pueden crear amigos y mundos imaginarios; saben que les gusta soñar despiertos, pero sólo ocasionalmente expresan esos sentimientos mediante sus escritos o dibujos. De todos modos, como veremos en el capítulo 6, sus pensamientos pueden estar tan adelantados a los de sus compañeros que al enunciarlos se les ridiculiza, por lo que se retraen a su propio mundo.

Pueden tener planes muy ambiciosos, muchos de los empresarios actuales tuvieron sus primeras ideas comerciales en el patio del colegio:

> *Con 11 años empecé a escribir una novela y le encargué a mi mejor amiga que hiciera las ilustraciones, hasta que mis padres intervinieron arguyendo que los deberes eran más importantes. Mi hijo, en cambio, recibió ánimos y publicó su primera novela a los 22 años.*

Como se puede apreciar en los comentarios anteriores, la implementación es uno de los momentos más difíciles para la gente creativa. Conseguir que una idea sea aceptada requiere tal energía que, a menudo, pierden el interés al haber agotado su entusiasmo inicial. También se da el caso de gente con tantas ideas que realmente no saben qué hacer con ellas. También pueden tener patrones de sueño infrecuentes, caracterizados por las pesadillas o periodos en vela que dedican a leer, escribir, o divagar entre ensoñaciones. Y por esto mismo, sus mentes se evaden en clase.

En ocasiones, tengamos en cuenta que prácticamente habitan una realidad dual, les gusta retirarse a su propio mundo agotados de pensar, dando la impresión de estar absortos en la conversación, cuando su tienen la cabeza en otra parte.

¿Qué puedes hacer para explotar al máximo tu creatividad?

Aquí tienes una lista de ideas para ir considerando antes de que las desarrollemos en los capítulos 10 y 11:

1. Reconócela, adóptala y dedícale el mayor tiempo posible.
2. Con la práctica se mejora. Experimenta con diferentes medios e ideas. Algunos funcionarán y otros no. Que no te asuste abandonar una idea o creación. Hazlo lo mejor que puedas y no pares.
3. Ser creativo en un ámbito no te hace creativo en todas las áreas.
4. Déjate llevar. Cuando tengas una buena idea, regístrala en seguida. Toma notas y emplea cualquier material a mano (servilletas, pañuelos, recortes... lo que haga falta) para atrapar tu imaginación.
5. No te esfuerces por ser creativo o creativa, no suele funcionar. Es más probable que los pensamientos te sorprendan mientras te dedicas a cualquier otra cosa.
6. Trata de hacer entender a la gente que necesitas tiempo para ti. La creatividad es, a menudo, una ocupación solitaria. Si preparas a tus familiares y amigos, ellos estarán allí cuando los necesites.
7. Dedica tiempo a relajar tus sentidos, visita centros culturales, observa a otros artistas realizar su labor y establece contactos con gente de ámbitos que te interesen.
8. Reconoce que eres tu peor crítico. Muestra tu trabajo a personas de confianza primero, y acepta que no convencerá a todo el mundo.
9. No hay límites de edad para la creatividad. Naces con ella y la tendrás durante toda tu vida. Puedes ignorarla, pero eso no la hará desaparecer.
10. La creatividad no sabe de reglas. Es caótica y desordenada. Tampoco sigue horarios, llega cuando menos se la espera.
11. Ser creativo o creativa puede resultar agotador. En cierto sentido nunca terminas, cuando piensas que lo has hecho llega otro pensamiento o se te ocurre otro modo de hacer las cosas. Y en algún momento hay que parar. Es por esto que artistas, cineasta y músicos crean secuelas.
12. Decide qué uso quieres darle a tu creatividad. Si quieres hacer dinero con ella, probablemente necesites apoyo de otras personas que te ayuden a explotar tu potencial. Si la vas a utilizar para mejorar tu vida y las de quienes te rodean todo será más simple.

13. Si crees que has creado algo excepcional o que tienes una idea exclusiva, protégelo, pero hazte a la idea de que el camino hacia el éxito comercial puede ser largo y tortuoso.
14. Disfrútala. Date cuenta de que la creatividad puede emplearse en cualquier situación. No tienes por qué ser un gran artista, escritor o músico. Consiste en generar ideas, saber combinar las cosas de maneras que a nadie se le habían ocurrido antes y ser original.

Lo importante es empezar...

Lo que puedas hacer o soñar, ponte a hacerlo.
La audacia posee genio, fuerza y magia.
(Johann von Goethe)

3

La fuente de la creatividad

Lo único que debes hacer para convertirte en el artista, científico o arquitecto de tus propias catedrales de Pensamiento, Creatividad y Memoria, es dedicar el brillante conglomerado de tus células cerebrales a la consecución de su propia sofisticación, energía y esplendor.

(Tony Buzan, *Head strong*, 2001)

Desarrollar la creatividad

La gente habitualmente rehúye hablar de creatividad porque no acaban de entenderla. En este capítulo se examinarán el trasfondo y algunos de los fundamentos que cimientan la educación con el objetivo de fomentar un acercamiento creativo a la enseñanza.

Sabemos por el trabajo de E. Paul Torrance, David Kolb, Money y Mumford, Daniel Goleman y Howard Gardner que la gente reacciona de manera positiva a estímulos educativos diferentes; pese a sus avances todavía queda mucho trabajo que hacer hasta conseguir que las organizaciones, tanto si son centros de educación primaria como de educación secundaria y superior, o puestos de trabajo, sean lugares a los que los individuos deseen acudir de forma entusiasta.

A continuación, se presenta un resumen de algunas de las principales teorías que explican el proceso de aprendizaje. Es muy probable que ya estéis familiarizados con algunas de ellas, en ese caso, pido disculpas por explicarlas de nuevo. Sin embargo, lo importante es que el agruparlas y compararlas nos proporciona una práctica guía para atraer la atención de los educandos y estimular su creatividad.

Hacer del aprendizaje una auténtica experiencia

Lamentablemente, basta con escuchar a un grupo de estudiantes, especialmente si son de secundaria, de camino a su escuela, para comprender que raramente consideran la educación divertida o estimulante. Habla con un grupo de adolescentes tratando de decidir qué rama o especialización seguirán y, en seguida, resultará obvio que, para la mayoría, acuden al colegio por obligación, en lugar de por propia voluntad.

Del mismo modo, muchos adultos identifican educación con experiencias que preferirían olvidar; así, estimular el ansia por aprender supone todo un desafío, pero también una oportunidad única. Se ha dado mucha publicidad a la expresión «formación continua», pero para lograrla hace falta algo más que la creación de iniciativas gubernamentales. Significa posibilitar que la gente entienda, explore y, luego, adopte las enseñanzas que le interesan. La mera existencia de este sistema acaba con la credibilidad del método «uno para todos», del mismo modo que una camiseta con la etiqueta «talla única» queda en evidencia frente al corte de una prenda hecha a medida. Aprender algo práctico, personal y especial para el individuo tendrá mucho más impacto que un aprendizaje genérico y estandarizado. ¿Cómo podemos aplicar este principio al desarrollo de la creatividad en menores cualquiera que sea su edad?

¿Cómo prefiere aprender el niño?

Muchos niños prefieren aprender haciendo o, mediante lo que Kolb denominaría «experimentación activa» (véase la página siguiente). Algunos se decantan por las conversaciones con un interlocutor afín que les pueda ayudar a explorar sus ideas, completándolas o remodelándolas; reflejo de que los menores prefieren aprender descubriendo a que un especialista les enumere hechos. Lo importante es la necesidad de respuesta. Aunque el individuo prefiera aprender a través del descubrimiento, también necesita que le confirmen si lo está haciendo bien y poder tener apoyo cuando lo requiera.

La formación es una de las actividades más individuales y personales que podemos emprender, y a pesar de ello, a la mayoría nos hacinan en ambientes educativos que ofrecen ínfimas oportunidades de asesoramiento y apoyo individual. Para los creativos e innovadores de cualquier edad resulta incluso más difícil, porque ellos exigen respuestas, necesitan tiempo para reflexionar, requieren una asistencia específica que les ayude a descubrir lo que saben que necesitan saber. A diferencia de muchos otros, ellos suelen aprender con un propósito y se frustran increíblemente cuando perciben que la información es trivial o irrelevante. Esto se explicará detalladamente en el capítulo 6.

Uno de los modelos formativos más duraderos es el ciclo de aprendizaje de Kolb, que identifica los pasos fundamentales del aprendizaje y los define así:

1. *Experiencia concreta,* que básicamente significa «hacer algo». Descubrir nuevas experiencias, problemas u oportunidades. Encontrar personas de ideas afines con las que aprender. Cometer errores y disfrutar.
2. *Observación reflexiva,* reflexionar qué fue bien y qué podría mejorarse, y buscar *feedback* del resto. Apartarse de los hechos para observar, atender y asimilar la experiencia. Escuchar a las opiniones de una amplia muestra de gente con visiones diferentes. Investigar recopilando, analizando y contrastando la información. Reconsiderar lo ocurrido y lo que has aprendido.
3. *Teorización acerca de lo ocurrido y por qué, para explorar, entonces, opciones y alternativas,* cuestionar y poner a prueba la lógica y los presupuestos. Explorar ideas, conceptos, teorías, sistemas y modelos. Explorar interrelaciones entre ideas, hechos y situaciones. Formular tus propias conclusiones y teorías.
4. *Planear que hacer la próxima vez.* Contrastar experiencias y ver cómo lo han hecho otros. Buscar aplicación práctica a las hipótesis y oportunidades para implementar o enseñar lo aprendido.

Es importante comprender que no todo aprendizaje sigue estas pautas de manera clara y ordenada. Aprendemos mejor al combinar los cuatro acercamientos:

- Adquisición teórica.
- Experiencia práctica.
- Aplicación de la teoría.
- Generación de la idea.

El ciclo de aprendizaje de Kolb está relacionado con el trabajo de Honey y Mumford y su cuestionario de estilos de aprendizaje.

Todos preferimos aprender de maneras ligeramente diferentes:

- Los activos aprenden mejor haciendo.
- Los reflexivos aprenden mejor observando.
- Los teóricos aprenden mejor analizando las cosas de manera lógica y sistemática.
- Los pragmáticos prefieren aprender mediante la puesta en práctica y comprobación de las ideas.

Si te interesa investigar más acerca del estilo de aprendizaje adecuado a tu alumno o alumna, puedes encontrar un modelo del cuestionario de estilos de aprendizaje en *www.peterhoney.com*

Las siguientes definiciones ofrecen ejemplos de los diferentes estilos de aprendizaje. Trata de identificar cuál de ellos te representa o a la persona con la que trabajas.

- *Activos:*
  - Disfrutan de las nuevas experiencias y oportunidades de las que pueden aprender.
  - A menudo actúan y luego piensan.
  - Disfrutan participando, les gusta ser el foco de atención y prefieren la actividad a sentarse y escuchar.
  - Suelen buscar nuevos desafíos.
  - Prefieren aprender con gente similar a ellos.
  - Están dispuestos a cometer errores.
  - Les gusta divertirse al aprender.
- *Reflexivos:*
  - Prefieren adoptar una distancia, observar y absorber información antes de comenzar.
  - Se interesan por los puntos de vista ajenos.
  - Les gusta revisar lo sucedido y cuál es la lección extraída.
  - Prefieren tomar las decisiones a su debido tiempo.
  - No les gusta que les presionen.
- *Teóricos:*
  - Son dados a la exploración metódica, analizar los problemas paso a paso siguiendo un método lógico, y realizan preguntas.
  - Son distantes y analíticos.
  - Les gusta que se ponga a prueba su intelecto y a muchos les incomoda el pensamiento lateral, prefiriendo los modelos y sistemas.
  - Extraen sus propias teorías y conclusiones.

- *Pragmáticos:*
  - Les gustan las soluciones prácticas, les gusta moverse y probar.
  - Les desagrada demasiada teoría.
  - A veces les gusta enterarse de cómo hacen las cosas los expertos.
  - Les apasiona experimentar y buscar nuevas ideas que comprobar.
  - Suelen actuar rápido y confiados.
  - Son muy sensatos y afrontan los problemas como desafíos.

Un individuo puede descubrir su inclinación por más de un estilo de aprendizaje, o incluso que, como un pequeño porcentaje de la gente, posee un estilo de aprendizaje equilibrado. Los principios de Kolb acerca del aprendizaje y la clasificación de Honey y Munford encajan fácilmente. También pueden relacionarse con este modelo acerca de cómo la gente adopta nuevos conocimientos:

- *Incompetencia inconsciente:* «No sé lo que no sé y no sé que no lo sé». ¡La ignorancia da la felicidad!
- *Incompetencia consciente:* «Sé que hay cosas que debería saber, pero todavía no puedo hacerlo».
- *Competencia consciente:* «Sé lo que debería saber y cómo emplear mi conocimiento para ponerlo en práctica».
- *Competencia inconsciente:* «Hago cosas sin pensar de manera consciente cómo las hago».

Usar todo el cerebro

Aparte de descubrir su método de estudio, cada estudiante difiere también en su manera de actuar según emplee la mitad izquierda o derecha de su cerebro. La investigación de Sperry y Onstein demostró la existencia de dos hemisferios en el cerebro con diferentes características y funciones:

- Cerebro izquierdo:
  - Lógica.
  - Listas.
  - Linear.
  - Palabras.
  - Números.
  - Secuencias.
  - Análisis.

- Cerebro derecho:
  - Ritmo.
  - Colores.
  - Imaginación.
  - Ensoñación.
  - Intuición.
  - Comprensión espacial.
  - Música.

Si recurres casi exclusivamente a una mitad de tu cerebro, encontrarás dificultades para emplear la otra. Uno puede cuestionar su aptitud para una determinada materia, por ejemplo, puede decir «No se me dan bien las matemáticas» o «Nunca he sido capaz de dibujar», sin embargo, investigadores como Tony Buzan (*Buzan@mind-map.com*), creador de la técnica de mapas mentales, están demostrando que no somos necesariamente sinistro o dextrohemisféricos porque en nuestras actividades diarias recurrimos a ambos hemisferios cerebrales.

El *mapeo mental* es un método muy útil para plasmar pensamientos, de gran valor y relevancia para niños y maestros. Una herramienta para emplear toda la vida. La técnica básica consiste en combinar líneas, textos e imágenes para representar ideas y conceptos relacionados. Esta metodología se puede aplicar en una gran variedad de contextos, incluyendo anotaciones, sumarios de visitas, solución de problemas, toma de decisiones, planificación y diseño del estudio, elección de carreras, planificación vital, etc. Una de las grandes ventajas del mapeo mental es que permite resumir grandes cantidades de información en una sola página y con este mapa inicial ya se pueden desarrollar planes de acción. Hay más información disponible en la página web *www.mind-map.com*

También es útil la técnica de los seis sombreros para pensar de Edward de Bono, que permite maximizar tu efectividad mental y facilita el trabajo creativo en grupo. Para ello lleva a cabo una distinción de las diferentes estrategias de pensamiento. Para más información, se puede visitar *www.edwdebono.com*

El trabajo de Howard Gardner ha supuesto una de las aportaciones más interesantes a la enseñanza. Buscando una alternativa al planteamiento imperante, que considera la inteligencia una entidad unitaria, Gardner esbozó en *Estructuras de la mente* (2001) una teoría de las *inteligencias múltiples*. En el contexto del desarrollo creativo, el trabajo de

Gardner es como obsequiar a educadores y estudiantes con el truco para desentrañar los secretos acerca de cómo aprenden y la mejor manera de hacerlo. Gardner sugiere que, si bien todos poseemos en cierto grado toda la variedad de inteligencias, los individuos difieren en su perfil particular de aptitudes y debilidades.

En *Mentes extraordinarias* (2005), Gardner afirma:

Estas diferencias hacen la vida más interesante, pero también complican el trabajo escolar; si todos tenemos diferentes tipos de mentes resulta inapropiado educarnos como si fuéramos simples variaciones dentro de un solo modelo. De hecho, todos deberíamos investigar con escrupulosa atención qué hay de especial dentro de nuestras cabezas así como en la de los niños que están a nuestro cargo.

Inteligencias múltiples

Howard Gardner sostiene que todos poseemos por lo menos siete inteligencias, que clasifica de la siguiente manera:

1. *Inteligencia lingüística.* La inteligencia de las palabras. A esta gente le gusta leer, escribir y los juegos de palabras. Se les da bien la ortografía y manejan con soltura la comunicación oral y escrita. Prefieren aprender con libros, grabaciones, conferencias y discursos.
2. *Inteligencia lógico-matemática.* La inteligencia de la lógica y los números. Impera en quienes disfrutan experimentando aplicando un método, organizando secuencias y resolviendo tareas. Aprenden mediante la creación y resolución de problemas y enfrentándose a problemas matemáticos.
3. *Inteligencia musical.* La inteligencia del ritmo, la música y la lírica. Tocan instrumentos musicales, cantan o tararean para sí mismos y se relajan escuchando música. Aprenden recurriendo a la música o la rima para facilitar el recuerdo.
4. *Inteligencia espacial.* La inteligencia de los planos e imágenes mentales. Piensan y recuerdan en imágenes, y disfrutan dibujando, pintando y esculpiendo. Emplean símbolos, bocetos, diagramas y mapas mentales para aprender.
5. *Inteligencia corporal-cinestésica.* La inteligencia de la expresión mediante la actividad física. Son buenos empleando las manos y disfrutan con la actividad física, los deportes, los juegos, el teatro y el

baile. Aprenden haciendo, emprendiendo acciones y tomando notas. Requieren frecuentes descansos durante el aprendizaje.

6. *Inteligencia interpersonal.* La inteligencia del comunicarse con otros. Se les dan bien las personas. Saben organizar, relacionarse y sintonizar con otros, haciéndoles sentir cómodos. Aprenden del contacto con el resto y disfrutan del estudio en grupo, comparando apuntes, socializando y enseñando.
7. *Inteligencia intrapersonal.* La inteligencia de la autoexploración. Prefieren trabajar solos, les gustan la tranquilidad y a menudo sueñan despiertos. Son intuitivos, escriben un diario, planifican su tiempo detalladamente y son independientes. Aprenden estableciéndose metas personales y reflexionando acerca de sus experiencias.

Gardner también añadió una inteligencia *naturalista*, que generalmente se interpreta como la inteligencia que permite la relación con el mundo natural; la empleamos para establecer clasificaciones y patrones que permiten al individuo extraer orden del caos.

Una vez que los estudiantes entiendan sus preferencias y comprendan su método personal, pueden explotar estos conocimientos para acelerar el proceso de aprendizaje y sacar mayor provecho de sus experiencias.

Habrá estudiantes creativos que prefieran funcionar reconociendo para sí varios tipos de inteligencia. Uno de los mayores ejemplos lo ofrece Leonardo da Vinci. Leonardo fue, sin lugar a duda, excepcional, se dedicó a la pintura, el diseño y la escultura, pero también a la ingeniería civil, la arquitectura, los avances técnicos y otras disciplinas; por sus diarios sabemos que se dedicó con igual entrega y decisión a todos ellas.

Los siete principios de Da Vinci

En *Pensar como Leonardo da Vinci* (1999), Michael Gelb describe «siete principios» que tendrán verdadera resonancia en gente creativa. Nombra los principios en italiano y los describe así:

1. *Curiosita:* un comportamiento de insaciable curiosidad por la vida y una búsqueda permanente por el aprendizaje continuo.
2. *Dimostrazione:* el compromiso por comprobar el conocimiento a través de la experiencia, perseverancia, y la inclinación a aprender de los errores.

3. *Sensazione:* el refinamiento continuado de los sentidos, especialmente la vista, como medios de animar la experiencia.
4. *Sfumato:* una disposición hacia la ambigüedad, la paradoja y la incertidumbre.
5. *Arte/scienza:* el pensamiento integral, establecer un equilibrio entre ciencia y arte, lógica e imaginación.
6. *Corporalita:* cultivo de la gracia, la ambidestreza, la buena forma física y la elegancia.
7. *Connesione:* un reconocimiento y apreciación por la interconexión de todas las cosas, fenómenos y sistemas.

El autor propone que uno concreto, *sfumato*, es el más característico del individuo creativo, y que Leonardo probablemente poseyera ese rasgo en un grado muchísimo más marcado que cualquier otra persona en la Historia.

Gelb presenta infinidad de maneras de estimular la creatividad de un individuo. Consideremos su principio de *curiosita*. Leonardo da Vinci siempre tomaba notas cuando le sobrevenía una idea. Mucha gente creativa adopta este recurso, por ejemplo, se dice que Richard Branson, el fundador de la multinacional Virgin, lleva una libreta consigo allá donde va. Es el único método de que dispone una persona para atrapar su creatividad en curso. Hay quienes los guardan como biblioteca de ideas y hoy en día, especialmente en Estados Unidos, cada vez más llevan su propio diario creativo, fenómeno que estudiaremos en el capítulo 4. Ocurre con frecuencia que en el momento de anotar las ideas, se hace de manera prácticamente automática y al volver más tarde a los apuntes descubres estimulantes esbozos que no recordabas haber escrito. Se dice que los diarios de Leonardo estaban plagados de bocetos, anotaciones, un registro continuado de sus recursos económicos, pinturas y planos de inventos. Gelb afirma que, en 1994, Bill Gates compró 18 hojas de los cuadernos de Leonardo por 30,8 millones de dólares.

En los trabajos de Gelb y Gardner apreciamos cómo las preferencias de la gente se distribuyen entre varias inteligencias y muchas pruebas de empleo valoran con mucho mayor énfasis los razonamientos verbales o matemáticos.

Estimular la curiosidad

Gelb también afirma que, de niño, Leonardo poseía una gran curiosidad por el mundo que le rodeaba:

Las grandes mentes continúan planteando preguntas desconcertantes con la misma intensidad a lo largo de sus vidas. El sentido de la maravilla de Leonardo y su insaciable curiosidad, propios de un niño, la amplitud y profundidad de sus intereses, y su tendencia a cuestionar el saber establecido nunca decayeron. La curiosita *fue la fuente que alimentó su genio durante la vida adulta.*

Muchos niños superdotados se comportan de manera similar. A algunos padres y profesores, el incesante «¿por qué?» de un niño puede suponerles prácticamente una distracción, pero ésa es la base necesaria para que se dé la mejor formación posible. Aprender motivado por una curiosidad natural es absorber y permite desarrollar la concentración. Como ya se dijo en la introducción, ayudar a un niño o niña a establecer conexiones es igualmente importante. Uno de los desafíos para el mundo empresarial es fomentar en los empleados el interés por hacerse una visión global del negocio y por lo que otros miembros del sector estén llevando a cabo. Promoviendo la conectividad en jóvenes y estudiantes les aseguramos una valiosa destreza para su futura vida laboral, y la conectividad es una de las capacidades que con frecuencia identifica al empleado de gran potencial.

Además de trabajar sobre las ideas de Tony Buzan y el proceso de mapeo mental, Gelb también hace referencias al trabajo de Howard Gardner y su teoría de las inteligencias múltiples.

Inteligencia emocional

Individuos y organizaciones tienden a reconocer últimamente la riqueza que subyace oculta y que puede descubrirse analizando áreas más personales, como hace el esquema de competencia emocional identificado por Daniel Goleman en su libro *La práctica de la inteligencia emocional* (1999).

Aunque pueda dar la sensación de que *inteligencia emocional* es una entrada reciente en nuestro vocabulario, hace ya bastante tiempo que se viene usando. Goleman asegura que ciertas personas, incluyendo a Howard Gardner, Meter Savoley y John Mayer, definieron el término en la década de los noventa. Este último definió inteligencia emocional «en cuanto a ser capaz de controlarse y regular los sentimientos propios y ajenos y el recurso a sentimientos para guiar el pensamiento y la acción».

Su definición incluye cinco capacidades emocionales y sociales básicas:

- Conciencia de sí mismo.
- Autorregulación.
- Motivación.
- Empatía.
- Don de gentes.

El trabajo de Goleman introduce la inteligencia emocional en el terreno de la competencia emocional al definir más de 25 capacidades emocionales y explicar que los individuos tendrán un perfil de puntos fuertes y límites, pero que:

> *Los ingredientes para un desempeño extraordinario requieren tan sólo que tengamos puntos fuertes en un número de estas capacidades, generalmente unas seis, y que estén distribuidas en las cinco áreas de inteligencia emocional. En otras palabras, hay muchas vías para la excelencia.*

El mérito de Goleman, entre otros, consiste en haber introducido un concepto diferente de inteligencia y la propuesta de que las habilidades interpersonales del estudiante tienen la misma relevancia para la organización que su coeficiente intelectual y sus calificaciones, experiencia y potencial.

Muchas organizaciones reconocen ahora la influencia de estos planteamientos en el mantenimiento y preparación de trabajadores clave. Esas capacidades personales, junto con otros rasgos y características, constituyen información importante cuando se quiere proporcionar experiencias formativas valiosas a los estudiantes que salen de la escuela, el instituto o la universidad.

Si el joven o la joven con quien trabajas disfruta de la experiencia educativa, las posibilidades de que asimile y recuerde serán mucho mayores. Si se le dice que debe aprender algo, su disposición dependerá del respeto que sienta por la persona que se lo dice y de su deseo de aprender. Si lo guía la curiosidad personal y se le enseña de un modo que se adecúe a su estilo de aprendizaje preferido, es de esperar que su propio entusiasmo e interés hagan del aprendizaje una experiencia significativa y memorable. Y para crear experiencias significativas, educadores, profesores universitarios, entrenadores, tutores y estudiantes aún pueden esforzarse mucho más por desarrollar pautas efectivas de enseñanza.

La ironía es que las metodologías más estimulantes quedan prácticamente reservadas para la formación preescolar y los cursos iniciales; desdichadamente, las oportunidades de experimentar una verdadera iniciación parecen desvanecerse conforme el individuo avanza en la escuela y su carrera. Un desequilibrio que se podría solucionar con la aplicación de formación semipresencial o enseñanza mixta (véase el capítulo 8).

Con el tiempo descubrí que el mensaje oculto de mi escuela no sólo era catastrófico, también estaba equivocado. El mundo no es un acertijo sin resolver esperando a que llegue un genio ocasional y resuelva sus misterios. El mundo, o la mayor parte de él, es un espacio vacío esperando a ser llenado. Esa revelación cambió mi vida: no tenía que sentarme y esperar a que solucionaran los enigmas, yo mismo podía lanzarme al espacio. Era libre de experimentar con mis ideas, inventar mis propias perspectivas, crear mis propios futuros. (Charles Handy, *Más allá de la certidumbre*, 1997)

4

Abriendo las ventanas de la mente. Cómo crear un entorno que inspire el aprendizaje

Al niño desprejuiciado, que disfruta del dibujo y la pintura, que colorea las cosas como le place, que plantea incesantes preguntas, capaz de otorgar una variedad infinita de utilidades a la caja que envolvía su regalo de cumpleaños y hace de ella un avión, una casa, una cueva, un tanque, un barco o una nave espacial, se le instruye gradualmente para que tome notas de un solo color, para que apenas haga preguntas (y especialmente evite las «estúpidas», que son las más interesantes), para que relaje sus millones de fibras musculares ansiosas de acción, y para que se conciencie poco a poco de su ineptitud artística, musical, intelectual o deportiva. De este modo, el niño pasa a ser un adulto convencido de su incapacidad creativa, que ha «progresado» de poder imaginar miles de aplicaciones para una caja a apenas ser capaz de otorgarle un uso a algo.

(Tony Buzan, *Head strong*, 2001)

Algunas personas pasan por la vida con la cabeza gacha; otros eligen vivirla a través de los sentidos, inspirándose en la riqueza de colores y sonidos que les rodean. Hay quienes adoptan una perspectiva optimista, y quienes ya comienzan con el vaso medio vacío.

El objetivo de este capítulo es centrarse de manera concreta en el aprendizaje de niños y jóvenes, identificando qué condiciones deben darse para que tanto ellos como sus maestros puedan ser creativos y, fundamentalmente, para hallar potencialidades que puedan explotar, más allá de su mera educación formal, a lo largo de sus vidas. Éste ha sido uno de los capítulos más difíciles de escribir, puesto que en realidad la cantidad de actividades creativas que se pueden emprender con niños son ilimitadas. Mientras escribo estas líneas, a otro educador se le ocurrirá una fabulosa idea creativa completamente novedosa. Este capítulo sólo puede arañar la superficie de las actividades creativas. Si empleásemos un helicóptero con cámara de rayos X para sobrevolar el país observando el interior de las escuelas asistiríamos a un alucinante despliegue de proyectos, actividades, exposiciones e imaginativos trabajos fomentados por profesores creativos. Lamentablemente, también seríamos testigos de escuelas menos esperanzadoras, aulas necesitadas de inspiración y todo tipo de docentes que preferirían estar en cualquier otra parte.

Creo que cada individuo es único, pero hay quienes poseen algo más que les otorga, a sí mismos y a la gente o a las organizaciones con que interactúan, la oportunidad de marcar la diferencia:

> *Los artistas son personas cuyo «auténtico» trabajo, independientemente de cuál sea su trabajo remunerado, es la búsqueda de la excelencia prestando atención a lo que trata de surgir a través suyo. Los artistas no somos débiles sino delicados. Dependemos de nuestro clima vital, del mismo modo en que pasar un largo y gris invierno encerrado en casa puede provocar depresiones, atravesar por un periodo en que nuestra vida creativa avance sin el brillo del ánimo puede provocar una mala época [...] No podemos controlarlo todo ni a todos en nuestro entorno creativo [...] Para la mayoría de nosotros, la creencia en que podemos comprendernos, confiar en nosotros mismos y valorarnos justamente es un acto de fe. La idea de que podemos decirnos «Eh, lo has hecho bastante bien, y mejor que el año pasado» supone toda una revolución.* (Julia Cameron, *Walking in this world*, 2002)

Este fragmento de Cameron no se aplica en exclusiva a artistas en su «mundillo», también puede comprender a la mayoría de los seres humanos. A menudo nos toca trabajar contra la reacción negativa de otros que nos parece dar más importancia a lo que no logramos que a lo que conseguimos.

¿Por qué es importante la creatividad?

«Creatividad» es una de esas palabras que provoca reacciones muy diferentes en cada persona. A algunos se les fruncirá el ceño, como al sacar a colación un asunto delicado con el que no se sienten cómodos. A otros les induce al debate: «No puedes enseñar creatividad, es una cualidad innata». Y estarán quienes hayan tenido la experiencia de dejarse llevar por ella e insistirán en lo especial que es.

A menudo la creatividad tiene que abrirse camino entre los residuos y desperdicios, vestigios de conocimientos acumulados por nuestra educación a los que nunca nos hizo falta recurrir. A diario nos llega basura a través del correo, mensajes, anotaciones, comunicados, o incluso invitaciones a reuniones, que vamos amontonando, bastaría con extender el brazo y abrir la ventana para dejar entrar una ráfaga de refrescante inspiración que limpiara nuestra mesa.

Es complicado establecer algunos de los puntos clave que explorar, y principalmente se debe a que la creatividad es una cualidad emocional. Las personas creativas, cuando están inspiradas, poseen una energía; suelen emplear sus sentidos y actuar mediante múltiples inteligencias. También puede ser una experiencia agotadora, cuando se recluyen durante horas trabajando en una idea o un proyecto.

Muchos ambientes laborales pecan de serios y escasos de inspiración. La gente que disfruta por naturaleza poniendo a prueba su creatividad ve la vida desde una óptica diferente.

También puede que les impulse una fuerza que les otorgue una energía incomprensible para el resto. Sienten pasión por conseguir que las cosas funcionen y encontrar nuevas maneras de hacer las cosas. Es frecuente que quieran marcar una diferencia importante, no sólo en su entorno laboral, sino por el bien común de la organización o de la humanidad en general. Y la consecución de este proyecto puede absorberles por completo, por lo que les frustra sobremanera que otros no muestren la misma pasión. Esta implicación se manifiesta especialmente cuando esperan una respuesta o reacción, de otras personas. Invierten tanta energía personal y tiempo en el concepto embrionario que puede resultar muy difícil para ellos tener que esperar a que su idea atraviese un proceso burocrático antes de poder recibir una respuesta de aceptación o negativa. Este tipo de situaciones suele impulsar a individuos creativos a abandonar las organizaciones y trabajar para sí mismos.

Todos tenemos la capacidad de ser originales, lo que ha ocurrido a muchas personas es que gradualmente han cerrado las puertas a la confianza en uno mismo y en las propias capacidades creativas:

Todos los días acabamos con nuestros mejores impulsos. Por eso nos duele el corazón cuando leemos las líneas escritas por un maestro y las reconoce-

mos como propias, como los tiernos brotes que podamos por carecer de la fe necesaria para creer en nuestras propias capacidades, nuestro propio criterio de verdad y belleza. Todo hombre al tranquilizarse, al volverse completamente honesto consigo mismo, es capaz de pronunciar grandes verdades. (Henry Miller)

Creatividad no significa hacer suceder las cosas partiendo de la nada. Significa ver y sentir el mundo de manera tan vívida que puedes establecer conexiones y pautas que ayudan a explicar la realidad. Significa abrirse a la belleza del mundo en lugar de esconderse de él. ¿Asusta, verdad? (Danny Gregory, *The creative license*, 2006)

Gregory remarca que la creatividad es parte integrante de todos nosotros, pero que, gradualmente, con las elecciones diarias, las decisiones laborales que se adoptan y el modo de vida que llevamos, nos alejamos de nuestros impulsos creativos natos para tomar lo que consideramos rutas más responsables.

Pero la creatividad no es tan sólo importante para una selección de oficios creativos; el pensamiento creativo es esencial en prácticamente todos los aspectos de nuestra vida, por eso es vital mantener fresco el espíritu de la originalidad en las escuelas.

Uno de los grandes impulsores de la creatividad fue el Dr E. Paul Torrance, que murió en 2003 a los 87 años. Se le conoció por todo el mundo con el título de «padre de la creatividad». Fue un prolífico escritor, que en 2001 publicó su libro *Manifesto: A guide to developing a creative career* en el que incluía las conclusiones de un estudio prolongado durante 40 años, el único de este tipo. Primero citaba 50 definiciones de *pensamiento creativo*, para luego aportar la suya propia:

Es el proceso que vuelve a alguien sensible a los problemas, deficiencias, carencias y vacíos de información, a ser consciente de que algo anda mal, y lo lleva a realizar teorías e hipótesis acerca de su posible resolución, a evaluar y comprobar dichas hipótesis, corrigiéndolas si es preciso y, finalmente, comunicar el resultado.

Él inventó el método de referencia para medir la creatividad. El test de pensamiento creativo de Torrance ayudó a acabar con la creencia de que los test de CI bastaban para calcular la inteligencia real.

La prueba verbal consistía en estudiantes enumerando usos inusuales para objetos comunes, animales disecados, por ejemplo, y se les evaluaba según los siguientes criterios. Primero se les preguntaba: «¿Qué mejorarías de este juguete?» y, las respuestas se medían según:

- *Fluidez:* tener muchas ideas.
- *Flexibilidad:* pensar diferentes maneras de hacer o emplear las cosas.
- *Originalidad:* pensar varias cosas únicas.
- *Elaboración:* pensar detalles y añadidos a la idea.

Para la prueba figurativa se solicitaba a los estudiantes que incorporaran formas simples como círculos o formas abstractas en dibujos más complejos. Los resultados se juzgaban aplicando los mismos criterios que en el test verbal, y otros indicadores como el humor y la emotividad.

En *Orientación del talento creativo* (1969) Paul Torrance explica detalladamente cómo se plantearon y administraron los test.

También empleaba el término «inventivlevel» («nivelinventivo»), extraído de la Oficina de Patentes de Estados Unidos. Contiene los siguientes criterios:

- *Avance importante.* ¿Supone la idea un plan nuevo y original? ¿Es una idea útil? ¿Se aplica esta utilidad de manera práctica y realista?
- *Novedad.* ¿Es una idea infrecuente o extraordinaria? ¿Es reciente? ¿Resulta innovadora?
- *Exigente y que invita a la reflexión.* ¿Nos lleva la idea a nuevas y adicionales ideas? ¿Genera, o puede generar, nuevas ideas?
- *Singularidad.* ¿Difiere de las ideas que generalmente se ofrecen? ¿La han producido pocos individuos?
- *Constructividad.* ¿Dice la idea cómo provocar el cambio, poner en práctica el principio o resolver el problema?
- *Sorpresa.* ¿Produce asombro, maravilla o sorpresa?

Actualmente se siguen empleando los test de Torrance. Hay más información disponible *en www.coe.uga.edu/torrance/*

Otro modelo que se emplea en muchos contextos para describir el acto creativo es el propuesto por Joseph Wallas en 1926:

- *Preparación.* Este primer estadio equivale a la labor de investigación y recopilación de datos. Uno sospecha que podría merecer la pena explorar cierto ámbito, pero todavía no lo ha confirmado, podría no ser más que un presentimiento o una corazonada.
- *Incubación.* Comienzan a surgir las ideas pero las dejas tomar forma lentamente. Las apartas a un rincón de tu cabeza mientras te dedi-

cas a otras labores y las retomas de vez en cuando sin estar preparadas para ser empleadas.

- *Iluminación.* Por este motivo se emplea una bombilla para simbolizar el surgimiento de una idea. Es el momento en que comprendes el significado oculto tras la idea y por qué llevabas tanto tiempo dándole vueltas. Se lo suele describir como el momento «¡ajá!».
- *Comprobación.* Es la fase de la verificación, cuando hablas con otros, compartes el proyecto, lo refinas, clasificas y compruebas que realmente merece la pena invertir dinero y tiempo para llevarlo hasta el siguiente punto.

Otros autores, incluido Goleman, se han referido al trabajo de Jules Henri Poincaré y otros en el perfeccionamiento de este modelo incluyendo nuevas etapas, especialmente ésta:

- *Ejecución.* Es otro momento importante y puede suponer el fin de trayecto para muchas propuestas, dado que requiere un modelo de conducta diferente y suele exigir al inventor comunicarse y colaborar con extraños.

Cómo aplicarla al aula

Aparte de emplear las pruebas con el alumnado, podemos aplicar los principios a la enseñanza de cada día.

Examinando las cuatro áreas identificadas por Torrance podemos extraer ciertas actividades que ayudarían a los niños a desarrollar su creatividad:

- *Fluidez.* La capacidad de manejar una gran variedad de pensamientos. Se trata de la creación de ideas. En el contexto del test de Torrance de mejorar un juguete, se intenta liberar un flujo de ideas. Si el juguete es un simple peluche pregunta al niño cómo podría mejorarlo (añadiéndole ruedas, un cordel o música; permitiendo a los padres grabar mensajes de voz...). Esta técnica se puede emplear con cualquier tipo de artículo, trata de encontrar algo que se adecúe a la edad de tus alumnos.
- *Flexibilidad.* Poder pensar usos o maneras de hacer las cosas alternativas. Es una técnica muy generalizada de pensamiento creativo, empleada en todo tipo de contextos tanto con adultos como con niños. Muestra un objeto a la clase y pregúntales cuántos usos podrían darle. Existen métodos para potenciar este tipo de lógica; una vez que hayan agotado las funciones comunes, puedes ayudar con pistas:

- ¿Qué se podría añadir a este objeto para darle un nuevo uso?
- ¿Y si modificáramos su color?
- ¿Y si modificáramos su forma?
- ¿Y si lo ponemos junto a otra cosa?
- ¿Y si lo hiciésemos moverse?
- ¿Y si permitiera emplear otros sentidos?

- *Originalidad.* Pensar cosas originales y únicas. En este contexto trabajamos para conseguir que el niño piense de manera inusual. En sus pruebas, Torrance ofrecía los siguientes consejos: «Imagine el uso más interesante, brillante e inusual que se le ocurra para este perro de peluche (dinero), que no sea como juguete. Por ejemplo, podría usarse como alfiletero tal y como está, en cambio, si pudiéramos agrandarlo y endurecerlo serviría como asiento».
- *Elaboración.* Muestra a los niños un artículo de la vida diaria y pídeles que piensen otras utilidades más allá de lo que actualmente hace. Por ejemplo, sabemos que un aspirador limpia, ¿para qué más podría ser usado? Dependiendo de la edad de tus interlocutores podrías hablarles acerca del trabajo de ingenieros como James Dyson que siempre encuentran la manera revolucionaria de modernizar objetos cotidianos. Puede incluso adaptarse al ejemplo los criterios de «inventivlevel» («nivelinventivo») antes mencionados. Hablarles de inventores, nos permite plantear qué significa la innovación, las dificultades a afrontar, y animar a los niños a trabajar en sus propias invenciones.

Sin embargo, en *Head strong* (2001), Tony Buzan asegura que, empleando una técnica parecida, la mente puede llegar incluso más lejos. Al definir ideas creativas indica que son «originales, fuera de la norma y, por lo tanto, suelen resultar emocionantes». Y describe el siguiente método para conseguirlas:

> *Concédete un tiempo limitado de dos minutos para anotar, tan rápido como puedas, todos los usos que se te ocurran para un colgador de ropa... entonces súmalos y divídelos entre dos para obtener tu producción media por minuto.*

Y después afirma que:

> *El promedio de empleos para un colgador de ropa en un minuto oscila de 0 (¡y esforzándose!) a 4-5 (que es la media global), 8 (que es un buen nivel de*

ingenio), 12 (excepcional y raro) y hasta 16 (que es nivel de genialidad thomasedisoniano). Si concedemos el tiempo que quieran para seguir pensando aplicaciones para el colgador, la puntuación media es de 20 a 30.

También afirma que su prueba se considera «estadísticamente fiable»: «si realizas el test en un momento dado y vuelves a repetirlo años más tarde, tus resultados serán prácticamente los mismos». Sin embargo, sugiere que una mentalidad rígida asumirá que las «utilidades» del objeto son las estándar. Y continúa:

El cerebro flexiblemente educado e instruido sabrá identificar más ocasiones de interpretar con creatividad la pregunta y, por tanto, generará más ideas de mayor calidad [...] El genio creativo romperá, pues, todos los límites ordinarios e incluirá en la lista muchas aplicaciones extravagantes como «derritiendo un colgador de metal de cinco toneladas y vertiéndolo sobre un molde podríamos fabricar el casco de un embarcación».

Para más información visita *www.mind-mapping.co.uk/*

Herramientas y técnicas

Para poder inspirar a otros tendrás que inspirarte a ti mismo primero.

Pese a todas las demandas del plan de estudios, aún es necesario buscar tiempo para uno mismo. Muy poco a poco, las instituciones educativas alcanzan a comprender que el profesorado necesita tiempo para desarrollar una profesionalidad con sus propias destrezas. La creatividad no difiere en esto de cualquier otra disciplina; no es algo que anotas en la lista de «cosas por hacer», lleva tiempo alcanzar un talento propio. Exponiéndote a la vivencia de experiencias puedes estimular tu capacidad creativa.

No importa cuán motivado estés, habrá ocasiones en las que necesites recargar o estar inspirado para poder trabajar eficientemente con otras personas. Cuando sientas que tu creatividad se entumece tómate un tiempo libre y dedícalo a algo completamente diferente. Concédete un descanso de vez en cuando. Recurre a otras personas como apoyo y banco de pruebas para tus ideas, por locas que sean. Trabaja a partir de ocurrencias pasajeras convirtiéndolas en conceptos tangibles. Olvida lecciones aprendidas durante la infancia. Arriésgate a hacer las cosas en lugar de decir «no puedo». Sé receptivo al entorno buscando inspiración en lo que ves u oyes a tu alrededor.

Hay quienes precisan de un ambiente específico para practicar la creatividad; puede tratarse tanto de un lugar concreto, como de una mesa de trabajo o una habitación en casa donde dedicar los ratos de reflexión. Incluso llevar una foto contigo puede ayudarte y aportar esperanza cuando te enfrentas a una dura jornada. También los hay que corren o toman parte en cualquier otro tipo de actividad física.

Mucha gente siente que las mejores ideas les llegan cuando menos las esperan o se dedican a cualquier otra cosa. Sea como sea, en cuanto aparecen tienes que intentar atraparlas. Es muy importante registrarlo todo, dado que incluso el detalle más insignificante puede acabar teniendo una importante relevancia en el resultado final. Del mismo modo, si te parece que las ideas no fluyen es importante que no trates de forzar el proceso; es mejor dejarlo y dedicarse a otra cosa. Con frecuencia, la gente descubre que al hacer algo completamente diferente su mente empieza de repente a generar ideas. El pensamiento creativo también tiene lugar durante la noche, por un proceso mental conocido como el estado Theta, en el que el cerebro produce sus propias soluciones, que están ahí cuando te despiertas.

Una de las partes más complicadas de cultivar tu parte creativa es controlarla y canalizarla en un entorno de trabajo normal. No se puede programar la aparición de buenas ideas para que ocurra necesariamente entre los límites de la jornada laboral; y como resultado, donde el individuo está forzado a producir rendimientos y resultados ciñéndose a una franja temporal, es de esperar que aparezcan la frustración, el cansancio y, en última instancia, la falta de motivación. ¿Qué hacer si descubres que tu mente se desata a las 2 de la madrugada, especialmente si se centra en un asunto que nada tiene que ver con el trabajo cuando a la mañana siguiente debes ofrecer una lección importante o asistir a una reunión y sabes que puede acabar con las energías que necesitarás? Lo único que te interesa es atender a esa visita inesperada; es una situación que ocurre a todas las personas creativas. También debes reconocer y respetar las necesidades de aquellos que te rodean. Lo interesante es que, teniendo el caudal interior de ideas, se requiere muy poco para estimularlo.

Mihalyi Csikzentmihalyi, un psicólogo de la Universidad de Chicago, describió esta sensación como «flow» (flujo). Dice que experimentamos «flow» cuando sentimos que controlamos nuestras acciones y somos dueños de nuestro destino. Descubrió que cuando la gente está bajo el influjo del «flow» su estado es muy parecido: se experimenta placer, la sensación de estar flotando, uno se abstrae por completo en lo que hace, pierde la noción del tiempo y se olvida de toda preocupación. Uno de los problemas es saber concentrarse, porque a uno se le pueden ocurrir tantas cosas de golpe que es imposible capturar toda la riqueza antes de que las ideas se desvanezcan o, como suele ocurrir, sea interrumpido.

La lógica creativa suele ser rápida, la velocidad del pensamiento creativo es inquietante en términos de velocidad y complejidad, porque cuando una mente fluye es el equivalente a una fusión mental. En un día especialmente bueno, los sentidos (oído, vista, gusto, olfato y tacto) chocan. De todos modos, es importante poder reproducir esta información a otros agentes. Técnicas como el mapeado mental, los seis sombreros para pensar de De Bono o el *brainstorming* puede facilitar la concentración, pero si tienes la capacidad de ser creativo todo cuanto necesitas es un modo de hacerlo constar, porque cuando te encuentras la inspiración es una fuerza que no se puede controlar: tiene su propia potencia y velocidad, y acaba, al igual que aparece, de manera inesperada. La buena noticia es que volverá a menudo cuando menos la esperes, asomándose por las esquinas de tu mente y diciendo: «¿me recuerdas?».

Cuando trabajas en el aula hay métodos específicos que permiten un acercamiento más amplio, no sólo para el desarrollo de la creatividad, sino para cualquier tipo de enseñanza. Cuando proporcionas experiencias educativas a otras personas, tómate un tiempo para ayudarles a explorar su propia creatividad. Emplea diversos métodos para ayudarles a comprender la gran variedad de maneras diferentes que hay de hacer las cosas.

Pensamiento positivo

Hoy en día probablemente haya suficientes libros de autoayuda como para rodear el mundo si los colocáramos uno junto a otro. Muchos se basan en las teorías de la programación neurolingüística (PNL), que con los años ha ganado respeto en las áreas de personal y comunicación de muchas organizaciones. Los *practitioner* de la PNL lo describen como el arte y la ciencia de la excelencia profesional. Se basa en una serie de modelos, capacidades y técnicas para pensar y actuar de forma efectiva. Lo impulsaron en 1970 John Grinder y Richard Bandler y, desde sus primeros trabajos, la PNL se dividió en dos direcciones complementarias, en primer lugar como un proceso para reconocer muestras de excelencia en cualquier ámbito y, segundo, como la manera efectiva de pensar y comunicarse empleada por la gente excepcional.

El componente «neuro» de la PNL hace referencia a los procesos neurológicos de nuestros sentidos, la parte «lingüística» se refiere a la importancia del lenguaje en nuestra comunicación y los procesos del pensamiento. Por ejemplo:

- *Visual.* Pensar en imágenes y representar las ideas, la memoria y la imaginación como imágenes mentales.
- *Auditiva.* Pensar en sonidos. Registros que pueden ser voces o ruidos comunes de cada día.
- *Sensaciones.* Representar los pensamientos como sentimientos que pueden ser emociones internas o la idea de un contacto físico. El gusto y el olfato quedan incluidos en esta categoría.

Es habitual descubrir que uno tiene sus preferencias a la hora de pensar y comunicarse.

Finalmente, «programación» hace referencia al modo en que programamos nuestros pensamientos y comportamiento de manera similar a cómo se prepara un ordenador para que haga determinadas tareas. No habría espacio en este libro para explorar con detalle la PNL, pero hay una gran variedad de manuales, estudios y cursos centrados en la materia de fácil adquisición.

En lo referente al pensamiento positivo, hay una técnica de aplicación prácticamente inmediata que está relacionado con el cambio del modo de pensar. Muchos adultos y jóvenes tienen un concepto negativo de sí mismos y con el tiempo la programación negativa se vuelve imborrable (es algo que se discutirá con profundidad en el capítulo 7). Afortunadamente, recurriendo al pensamiento positivo el cerebro puede inclinarse del «no soy capaz» al «puedo». Tiene que ser un cambio realista, y es una herramienta valiosa para ofrecer a los alumnos y alumnas. Es la misma base que se emplea en un buen entrenamiento deportivo. Se trata de centrarse en lo alcanzable y realista.

La primera acción puede ser animar a los individuos a identificar qué hacen normalmente de lo que se sientan orgullosos, por ejemplo: «Soy bueno dibujando», para a continuación identificar qué se quiere conseguir, por ejemplo «Trabajaré con empeño para ser un diseñador gráfico». Lo importante es no disponer a la gente al fracaso. Cuando se trata del desarrollo personal, hay que identificar lo que quieren lograr en su vida y ayudarles a esforzarse por ello. Es importante que comprendan que pocos alcanzan el éxito de la noche a la mañana (el triunfo hay que trabajárselo) y, en la misma medida, animarles a reconocer su lento y firme avance hacia su destino. En estos casos, el siguiente ejemplo de visualización puede ayudarles a hacerse una imagen de cómo sería si alcanzaran su sueño.

Visualización

Recurriendo a técnicas como la visualización y la narración de historias el educador diestro puede abstraer a sus educandos de los entornos menos sugerentes para liberar su imaginación y creatividad. También depende de la capacidad creativa y de insinuación del profesor.

La visualización es una herramienta muy útil para ayudar a las personas a comprender las alternativas. Aunque, inicialmente, algunos individuos requerirán mucho apoyo para vislumbrar y aceptar su potencial. Recuerda el dicho: «Si sigues haciendo lo que siempre has hecho, siempre obtendrás lo que siempre has tenido». La creatividad permite a la gente comprender las opciones de tal modo que no siempre tengan lo que siempre han tenido. Conseguir un cambio tal de perspectiva exige tiempo. Ayudar al individuo a lanzar pequeñas miradas en una nueva dirección debería llevarles a desarrollar a la larga una visión distinta del mundo.

Una manera de emplear la visualización es al crear un *moodboard*, una tabla clasificatoria de emociones. Puede emplearse en prácticamente cualquier actividad, pero es más efectivo cuando se aplica a algo importante para el estudiante. Estas tablas se elaboran con *collages* de fotos e imágenes para representar estados de ánimo. Se trata de una técnica recurrente en las agenciad de publicidad para crear una impresión en la mente de sus clientes que les ayude a identificarse con una determinada situación de consumo. Empleando viejas revistas, pegamento, tijeras y una cartulina grande, los estudiantes pueden crear su propio *moodboard*; por ejemplo, si un estudiante quiere expresar su ambición de dar la vuelta al mundo puede agrupar fotos de lugares exóticos como el Taj Mahal, el puente de San Francisco, los rascacielos de Nueva York, el edificio de la Ópera de Sydney, la Torre Eiffel y las pirámides. Podría poner atardeceres y amaneceres, cataratas, plantas tropicales, palmeras, koalas y tigres; pasta italiana, *curry* y bazares marroquíes; telas y joyas de colores brillantes; playas de un blanco refulgente, mares, mares y más mares; infinidad de cielos azules, aviones, helicópteros, el Orient Express, submarinistas, delfines, gente sonriendo y saludando con la mano. El estudiante podría añadir también palabras como «este», «oeste», «amanecer», «Golden Gate», «exótico», «paraíso», «felicidad», «libertad» y «espacio».

El secreto está en motivar las mentes de nuestros alumnos a vagar y animarles a ojear las revistas, en búsqueda de palabras e imágenes que les atraigan. Pide a los niños que recorten las imágenes pero no trates de ordenarlas todavía, déjales que se tomen su tiempo; deja que sus pensamientos sigan su propio camino. Cuando hayan acumulado suficiente, hazles empezar con la cartulina. Adviérteles de que no empiecen a pegarlas hasta que no hayan encontrado la combinación adecuada que transmita emociones.

Del mismo modo en que puede emplearse con actividades positivas como la tabla de viajes, podemos recurrir a esta técnica en circunstancias más delicadas, y estos casos pueden requerir apoyo sensible cuando el estudiante o el niño revelan asuntos personales que son importantes. En el capítulo 7 se analiza el tema de la autoestima. Se puede emplear una tabla *moodboard* para ayudar al estudiante a crear una imagen de cómo les gustaría ser y, partiendo de esos indicios se puede ayudar con cuidado al individuo a lograr algunas de sus ambiciones.

Cuando sientas que los estudiantes han terminado, pídeles que vuelvan a sentarse y expliquen al resto de la clase lo que el cuadro dice de ellos. Cuando empleo este ejercicio como parte de un taller se genera gran debate acerca de las palabras escogidas. A menudo, trabajando con un método así, los sentidos se hacen con el mando, dando a los alumnos la libertad de retratar esperanzas y sueños que les pueden sorprender incluso a ellos mismos.

«Storyboarding» (guiones gráficos)

Esta técnica consiste en estimular a los niños y niñas para que imaginen que están haciendo un pequeño documental.

Pídeles que hagan esquemas visuales de cómo avanzará la acción, qué escenas tendrán lugar, en qué lugares se filmará, a quién se entrevistará, qué dirán los entrevistados y cuál será el mensaje del documental. Actualmente, muchas escuelas disponen de los medios, ya sean propios o un equipamiento proporcionado por contactos con institutos o negocios locales, que permitirían la completa puesta en práctica de esta actividad. Se puede utilizar la misma idea con la fotografía digital, y ambos recursos permiten organizar una proyección o una exposición final.

Llevar un diario ilustrado

Esta técnica ha conseguido en poco tiempo una gran popularidad, especialmente en Estados Unidos. Viene a ser como crear un libro grafiti en el que anotar cosas, dibujar, pintar e incluir pequeños objetos de la vida diaria. El principio es muy similar a los cuadernos de notas de Leonardo da Vinci, sólo que muchos acaban siendo verdaderas obras de arte.

Otro sistema relacionado es el de libros alterados. Consiste en coger un libro cualquiera y modificarlo hasta crear una nueva obra de arte. Como en la elaboración de *collages*, la ventaja de estas técnicas es que permiten ejercer la libertad de expresión, crear un producto marcadamente personal, y permiten expresar la creatividad sin ser necesaria una gran habilidad técnica o artística. Uno de los motivos por los que muchas personas evitan expresarse mediante la pintura o la escritura es que desde pequeños se han convencido de que carecen de la habilidad técnica necesaria; y este método permite acabar con tales miedos.

Narración de historias

Aparte de la ocasional visita de algún escritor que visite la escuela, hay abundantes oportunidades para el empleo de la narración en el aula. Desde contar un cuento al final de cada día, invitar a vecinos a explicar su aportación a la historia local, a los propios niños relatando sus historias al resto de la clase, existen innumerables oportunidades de crear y leer cuentos. Recurso muy favorecido por el aumento de interés por la lectura que han generado libros como *El señor de los anillos* o las sagas de Harry Potter o Narnia. Ayuda a los niños a profundizar en la escritura analizando cómo la organizan, el nivel de originalidad, la riqueza en detalles y cuán significativa resulta. Emplea cualquier ocasión para desmitificar la escritura y anima a los niños a escribir algo todos los días.

Música

Una de las múltiples inteligencias es la inteligencia musical. Como ya explicamos en el capítulo 3, ésta es la inteligencia del ritmo, la música y la lírica. La gente que la posee disfruta tocando algún instrumento, suelen cantar o tararear y se relajan escuchando música. Usan la música para aprender, y emplean ritmos para facilitar el recuerdo.

También es parte de la PNL que algunas personas piensen en sonidos. Sonidos que pueden ser voces, ruidos, o cualquier sonido de la vida diaria, aunque sean auditivamente poco estimulantes, aparte, claro está, de la voz del profesor. Ciertas actividades invitan prácticamente a acompañarlas de un fondo sonoro musical, con una cuidadosa selección musical que los calme y les suba el ánimo.

La música clásica posee una mezcla que suele funcionar bien en el aula, pero introduce variaciones, piensa en músicas del mundo, en sintonías empleadas en anuncios, pon la música y pide a los estudiantes que identifiquen a qué anuncio corresponde. Este ejercicio puede incluso extenderse a un cuestionario en el que se muestra una parte de una marca conocida, y hay que adivinar de qué marca se trata. Debatid los mensajes clave detrás de cada marca y las emociones con las que las grandes compañías tratan de posicionarse en nuestras mentes.

Resolución creativa de conflictos

El pensamiento creativo no se emplea únicamente en las artes, sino que está presente en la planificación de estudios y laboral, permitiendo a los alumnos identificar alternativas y elegir entre las diferentes opciones. A menudo, el asunto o el problema empieza superándonos. Ayudar a señalar el problema y romperlo en pequeños pedazos es un primer paso importante, entonces, ya pueden avanzar empleando pasos como los que siguen a continuación:

- Identificar el problema.
- Darle vueltas.
- Investigar el grado de implicación y los intereses de gente con diferentes visiones.
- Aislar el problema y centrarte en él.
- Disponer de técnicas variadas para la resolución de conflictos.
- Darle vueltas al problema y explorar todas las ideas y opciones.
- Dedicarte a las soluciones de modo estructurado.
- Acordar un plan de acción para la puesta en práctica.
- Analizar y evaluar los resultados.

Una vez más, el trabajo en equipo puede ampliar las perspectivas y aportar diferentes soluciones.

«Brainstorming» (tormenta de ideas)

Una de las técnicas más simples y efectivas para el trabajo en grupo. Empleando un trozo de papel en blanco, o una pizarra, anota todo cuanto se te ocurra, sin intención de hacer clasificaciones o poner orden. Es una herramienta empleada para aumentar el caudal de ideas y sigue unas normas importantes: no corregir, no valorar, ni restringir. El truco de su funcionamiento es que las ideas de una persona pueden estimular los pensamientos del resto y, al estar prohibido interrumpir al otro, las ideas surgen con ligereza. Esta actividad suele introducir una complicidad y un elemento de diversión dentro del grupo.

DAFO

Es una herramienta de negocios habitual, pero también resulta valiosa en escuelas e institutos porque invita a los jóvenes a adoptar una visión más realista. Se divide una hoja en cuatro partes y se añaden sus respectivos encabezamientos según los cuales se analizará la idea. Los puntos fuertes y puntos débiles se consideran cuestiones internas y las oportunidades y amenazas como factores externos.

Uso creativo de las materias

Coombes School (véase la p. 69) hizo un gran uso de los ciclos y temarios, fue un ejemplo de cómo promover un enfoque holístico de la formación.

Tradicionalmente, las escuelas de educación infantil han proporcionado experiencias muy originales al abordar diversos temas, como por ejemplo los medios de transporte o el agua; pero el concepto de creatividad transversal tiende a desaparecer conforme avanza el proceso formativo del niño; y ya en segundo ciclo muchos centros afrontan las materias por separado tras abandonar la práctica del método integrador. Es un fenómeno que también puede observarse en muchos negocios, donde cada departamento se convierte en un silo de talento, y la puesta en práctica de un pensamiento coordinado resultaría muy práctica.

Producir buenas ideas en abundancia

Las mencionadas son sólo una pequeña muestra de todo el abanico de técnicas a las que se puede recurrir para estimular el pensamiento creativo. Y, como todo buen educador sabe, cada día puede surgir una nueva idea, o un nuevo método de enseñanza. Los profesores cargan con la reputación de ser como urracas: en cuanto ven algo brillar se abalanzan en picado y se lo llevan al aula. Adoptan la idea original, la embellecen, la modifican y le dan diversas interpretaciones. Así es como progresa el buen aprendizaje, y como debe seguir haciéndolo. También mediante el intercambio de ideas y la buena práctica.

¿Y qué más puede hacer el profesor para estimular la creatividad infantil?

Pese a las exigencias de los planes de estudios, educadores de todas las etapas del desarrollo infantil pueden enumerar factores con más probabilidad de intensificar que de inhibir la creatividad.

Ayudarles a desarrollar confianza en sí mismos

Shad Helmstetter ofrece en *What you say when you talk to yourself* (1999) un ejemplo muy gráfico de su deseo de tocar un instrumento y formar parte de la pequeña orquesta de la escuela. Lo intentó, junto con otros estudiantes, tocando un instrumento que le era completamente ajeno. Más tarde, ese mismo día, descubrió al director de la banda explicando a su tutor que no sólo no lo iban a aceptar, sino que carecía por completo de talento musical y jamás podría tocar un instrumento.

Le llevó mucho tiempo reunir el valor suficiente para alquilar un piano y aprender algunas notas. ¡Tardó 20 años en descubrir que el director de la banda estaba equivocado! En su libro compara este ejemplo con el caso de un niño que por casualidad escuchó a un anciano decirle a su madre «el pequeño Michael es muy creativo, y crecerá siéndolo». El niño creció y llegó a ser decano de la Universidad Walt Disney. Ambos ejemplos demuestran la gran influencia que podemos ejercer sobre los jóvenes y su autoestima.

Está comprobado que muchas personas creativas tuvieron que superar enormes dificultades durante sus estudios. Hombres y mujeres de negocios, deportistas célebres, artistas y otros muchos tuvieron que enfrentarse a la desaprobación de maestros o progenitores. Otros han experimentado la adversidad personal como la muerte de un padre o los traumas infantiles. En *Motivar para aprender en el aula* (2005), Ian Gilbert aporta algunas estrategias clave para motivar a jóvenes y niños. Cuenta que la cultura japonesa posee un sistema de motivación interna llamada «maestría», se trata del proceso de «tratar de ser mejor que nadie que no seas tú». También cita a John Wooden en *Practical modern basketball:*

> *El verdadero éxito sólo se alcanza por el camino de la autosatisfacción. En saber que has hecho todo lo que eres capaz para ser lo mejor que puedes ser [...] Por eso, en el análisis final sólo el individuo puede determinar su grado de éxito.*

Alimenta su imaginación

Invítales a soñar, a explorar fantasías y a escribir con imaginación. Ayúdales a encontrar trucos para la escritura creativa. Invita a escritores, artistas y cuentacuentos. Léeles e incítales a usar todos sus sentidos, como se hace para iniciar a los más pequeños en la percepción sensorial, pero extendiendo su uso a la educación secundaria. Anímales a leer lo mejor, a desarrollar su capacidad de crítica literaria, y a ofrecer respuestas constructivas. Guíales en la exploración de su escritura, mostrándoles cómo la organizan, cuán original es, cuán detallada y significativa resulta. Igualmente, permitirles compartir ideas es parte relevante del proceso creativo. Compañías como Disney, usan una técnica llamada «razonamiento desplegado» por la que las ideas son incubadas por un proceso de *brainstorming* permanente cuando el creador de la idea permite que otros añadan su aportación. Este sistema podría funcionar muy bien en las escuelas para promover el intercambio de ideas.

Ayúdale a expresarse

La creatividad puede adoptar muchas formas diferentes. Es un error muy común identificarla tan sólo en el caso evidente de la expresión artística, ya que puede estar presente en cualquier disciplina. La producción de ideas es una destreza fundamental que se necesita en las escuelas. Piensa en la definición del diccionario: «Creación, o capacidad de crear, inventiva e imaginativa». Todo descubrimiento o avance en el ámbito de la ciencia, la ingeniería, la geografía, la historia o en cualquier otra materia, procede de la capacidad de alguien para ver una alternativa. Los grandes inventores, descubridores y científicos han sufrido tantas burlas como los mejores músicos, escritores o artistas.

Como ya se ha mencionado, también es importante confiar en uno mismo, porque ser creativo requiere mucho valor y la voluntad de llegar donde ningún otro ha podido. Para expresar tus planes embrionarios o asumir riesgos hay que tener cimientos bien firmes:

> *Es típico de la gente que carece de aptitudes innovadoras [...] que, embobados con los detalles, se les escape la idea global, por eso se enfrentan a los problemas lenta e incluso tediosamente. El temor al riesgo les hace evitar las ideas novedosas. Y cuando hay que encontrar soluciones les cuesta comprender que aunque algo haya funcionado anteriormente no tiene por qué ser la respuesta en adelante [...] Aquellos a quienes incomoda el riesgo se vuelven críticos y derrotistas. Cautos y a la defensiva, ridiculizarán y tratarán de minar las ideas innovadoras.* (Daniel Goleman, *La práctica de la inteligencia emocional* [1999])

Dales tiempo

No importa lo inmersos que estemos en el programa de estudios, debemos dedicar tiempo creativo a los niños, a escucharles y responder a sus preguntas. Animarles a ser curiosos, hacer cosas juntos, creer en sus ambiciones e infundirles una actitud optimista. Interesarse en ellos es ayudarles a sentirse bien consigo mismos.

Ofréceles un *feedback* positivo. Ya hemos dejado claro que a mucha gente se le ha extraído la creatividad a fuerza de malas respuestas. ¡Cuántos jóvenes prometedores y con talento ven su progreso frustrado por otras personas! Somos culpables; siempre estamos ocupados. ¡Qué frecuentemente ignoramos a los menores o les marginamos de nuestra conversación al estar preocupados por otros asuntos o, peor aún, porque no nos apetece escuchar!

Permite que se oiga su voz

Los niños creativos son particularmente curiosos; en los momentos más delicados plantean una pregunta, que a la vez suele ser la pregunta más delicada. Ponen a prueba nuestras ideas o pueden cambiarle las tornas a un profesor inexperto mostrando conocimientos de una profundidad que no se corresponde a su edad. Preguntan los «¿y si?» para los que no tenemos respuesta. Retarles a encontrar la respuesta o permitirles investigar, ampliar su conocimiento y compartirlo con el resto es un gesto de apoyo valioso para el niño creativo.

Protege su ambiente

Hace unos años fui a una universidad inglesa a dar una charla sobre innovación y creatividad. Al llegar me encontré un edificio gris de hormigón. Recorrí los fríos e impersonales pasillos hasta dar con el despacho del profesor con el que estaba citado. Como no quedaban salas de reunión libres fuimos a una de las salas de conferencias para charlar. El techo era muy bajo, apenas había luz natural y las paredes estaban completamente desnudas. Imaginé cómo debía sentirse el estudiante en ese entorno, dependiendo completamente de la capacidad de estimulación del profesor.

Lo contrasté con un curso al que había asistido en el Disney Institute de Orlando, donde todo el campus exudaba creatividad y pasión por aprender. No se trata sólo de que el personal fuera entusiasta, se cuidaba también al visitante ofreciéndole visitas guiadas y acceso privilegiado a la zona de los animadores, y se le alentaba de manera activa a involucrarse y explorar su creatividad. Sé que estos dos casos representan extremos opuestos dentro de las posibilidades formativas, pero se tiene que poder aportar algo de magia a cualquier experiencia educativa.

Un eterno debate para el alumnado es la necesidad de guardar sus cosas en taquillas o llevarlas a la espalda. Esto supone que muchos niños no tienen sentido de su propio espacio. Es el equivalente a la práctica en el mundo laboral de compartir los escritorios en lugar de asignarlos permanentemente; ciertas investigaciones demostraron que estos sistemas generaban un cierto grado de insatisfacción en los empleados, porque se les negaba la oportunidad de personalizar su propio espacio. Por lo tanto, es fundamental tratar de crear contextos que estimulen a los estudiantes.

Concéntrate en desarrollar sus inteligencias múltiples

Cuando busca estimular a los niños, al profesor le basta con estudiar los fundamentos básicos tras las inteligencias múltiples para identificar los objetivos del temario de todo el año, pero también hay que reconocer que todos aprendemos de manera diferente.

Es habitual que los centros de educación infantil proporcionen una gran riqueza de estímulos visuales a los niños; pero conforme éstos crecen y avanzan en la escala educativa, los estímulos visuales se reducen de manera espectacular. Si retomamos las «inteligencias múltiples» de Gardner o los siete principios de da Vinci enunciados por Gelb, parece que gran parte de los escenarios de nuestra educación secundaria carecen de los estímulos básicos para proporcionar experiencias memorables. Si añadimos la figura de un profesor que se limita a recitar, no es de extrañar que las mentes de nuestros niños más creativos se evadan. Se ha discutido mucho el empleo de métodos de enseñanza combinados, pero sólo funcionaran si adoptamos un enfoque integrado y sacamos provecho de la tecnología con el objetivo de enseñar (un tema que se expondrá con profundidad en el capítulo 8). Un ejemplo excelente de inteligencias múltiples en acción es el Writhlington School Orchid Project (véase el capítulo 9).

Conecta con la comunidad creativa

Es todo un reto establecer contacto con la comunidad creativa local. Dada la propia naturaleza de sus actividades, muchas personas creativas trabajan por cuenta propia, de manera autónoma y aisladas, por lo que puede ser complicado contactar con ellas. Pero merece la pena investigar qué existe en la zona. En el Reino Unido, el trabajo lo facilitan las Creative Partnerships, asociaciones de creativos especialmente enfocadas para el trabajo con centros educativos. Primero ayudan a las escuelas a identificar sus necesidades individuales y después las prepara para asociarse de manera duradera y con otras asociaciones e individuos, incluyendo arquitectos, compañías teatrales, museos, cines, edificios históricos, centros de danza, estudios de grabación, orquestas, cineastas, diseñadores de páginas web y muchos otros.

Otros sistemas son el establecimiento de redes de contactos y el seguimiento de la prensa local. Por ejemplo, el incremento de programas como Made in Cornwall, que establece vínculos entre proveedores de productos hechos en la región de Cornwall. En Dorset se organizan semanas artísticas donde todo tipo de artistas de la zona abren sus estudios al público. En cada área suelen existir organismos de información; puedes acudir a organismos municipales o introduciendo «artistas de...» en un buscador de Internet para empezar a establecer contactos. Incluso los propios padres, familiares y conocidos pueden colaborar aportando sus experiencias. Contacta con ellos y descubre sus talentos. Si promueves la participación, como se puede comprobar en el siguiente ejemplo del Combes School, las posibilidades de establecer contactos son ilimitadas.

Creatividad en la práctica

The creative school (2003) de Rob Jeffrey y Peter Woods es un libro muy inspirador. Realiza un seguimiento detallado del progreso de una escuela, el Coombes County Nursery and Infant School, y cómo combinó de manera provechosa las políticas educativas gubernamentales con un conjunto de principios y valores propios. Los autores contactaron con el centro en 1990. Entre 1999 y 2002 llevaron a cabo un continuo proyecto etnográfico destinado a comprender en profundidad la enseñanza y el aprendizaje en el centro.

En la página web de la escuela puedes comprobar su declaración de objetivos «en cuerpo y alma con los niños» cuyo objetivo es «ser una comunidad educativa de niños y adultos trabajando de manera holística, integrando tendencias espirituales, morales, estéticas, físicas, sociales, emocionales, e intelectuales en la práctica diaria». Las fotógrafas ofrecen una pequeña muestra de las actividades que desarrollan. Jeffrey y Woods describen el espíritu de la escuela como «dinamismo, reconocimiento, encanto y atención». «El colegio entiende a los niños como agentes activos que experimentan con sus cuerpos, emociones e intelecto... El profesorado reconoce la gran capacidad de los jóvenes de asimilar gran variedad de experiencias cada día».

En la continua búsqueda de la conectividad entre escuela e industria, ésta es una definición muy similar a la ofrecida por Daniel Goleman en *La práctica de la inteligencia emocional* (1999):

El ascenso de la inteligencia emocional sólo ocurrirá conforme las organizaciones se vuelvan progresivamente dependientes del talento y la creatividad de sus empleados, que son agentes independientes [...] Este tipo de agentes libres anuncia un futuro laboral de algún modo análogo al funcionamiento del sistema inmunológico: cuando células independientes identifican una necesidad acuciante, se agrupan instantáneamente en un tejido, un grupo altamente cohesionado para satisfacer esa necesidad para, una vez cumplida su labor, disiparse en organismos independientes. En un contexto organizacional, este tipo de agrupaciones podrían surgir respetando o no los límites de la entidad de acuerdo con las necesidades y dejarían de existir al cumplir su misión [...] Esta modalidad de equipos virtuales puede ser especialmente efectiva porque los dirige quien posee las habilidades requeridas en ese caso concreto en lugar de alguien que, casualmente, ostenta el cargo de encargado.

Los niños educados en Coombes están recibiendo una formación que potencialmente les llevará a convertirse en adultos preparados para trabajar en equipos virtuales o a contribuir de manera dinámica y transversal al crecimiento de una organización o de su propio negocio. Es fundamental que este enfoque se prolongue durante los siguientes niveles formativos:

Todas las semanas alguien visita el centro para hablar de su vida y mostrar sus destrezas y habilidades: bailarines, gaiteros escoceses, arpistas, artesanos, artistas, una banda militar [...] un especialista en canciones infantiles y poesía americana, una mujer musulmana hablando de su cultura y creencias. También se llevan a cabo espectáculos por el respeto al medio ambiente como la esquila de ovejas, demostraciones de jardinería o la elaboración de cestas. Estas charlas, exposiciones y representaciones atraen el interés de los niños y les proporcionan una visión del mundo más allá de la escuela.

Sue Humphries, la directora del centro en la época del estudio, dijo:

> Se trata de despertar su compromiso e interés por el trabajo que se realiza a su alrededor. Se trata de hacerles asomarse a su comunidad, animando a participar a otros ciudadanos, a gente con cualquier tipo de talento, tanto si es el de coser o el de escribir poesía. Están despertando en ellos inquietudes artísticas, laborales y espirituales. En este sentido estamos aprendiendo más que lo que marcan las políticas educativas, que supongo que también se nos dan bien, pero a las que aquí otorgamos la misma importancia que a alimentar la empatía, imaginación y tolerancia del niño.

Su propuesta educativa es creativa y dinámica. Y de este modo «perfeccionan su caligrafía practicando en tableros con espuma de afeitar, chocolate o polvos de talco» y «aprenden la estructura gramatical: puntos, mayúsculas, comas y signos de interrogación convirtiéndose en frases humanas. Jugando con las reglas de la escritura los niños alcanzan a comprenderlas». Humphries señala que este enfoque promueve un «ligero elemento de riesgo que consideramos esencial si se quiere mantener y prolongar el acercamiento creativo a la enseñanza y el aprendizaje».

Recurren mucho a la dramatización, particularmente en las materias de historia, religión y lengua inglesa. Jeffrey y Combs recomiendan una especial mención a la asignatura de ciencias que es el punto fuerte de la escuela. Sue Humphries y su ayudante, Susan Rowe, han publicado dos libros sobre la enseñanza de ciencias en los primeros ciclos. Y dicen:

> Proponte alentar al niño a ser participante activo en experiencias emocionantes, interesantes y formativas. Aprendemos más de aquello que disfrutamos. Los libros invitan a los niños a hacer, a descubrir y a evaluar, a ser verdaderos científicos.

¿Y que resultados obtienen las pruebas SAT[5], para evaluar el progreso de los alumnos, en Coombes? Jeffrey y Combes afirman que entre 1997 y 2001, estuvieron dentro de la media en los resultados de alfabetización y por encima de ésta en matemáticas, mientras que los niveles obtenidos en materias de ciencia fueron deficientes. Los resultados del año 2001 mostraron una mejora en lectura y escritura y ciencias respecto al año anterior, mientras que se mantuvo el nivel en matemáticas, que seguía siendo muy elevado. Los autores del estudio citan a la directora del centro:

> No creo que se puedan elevar los estándares cada año. Es necesario mirar más allá, al momento en que el niño cumpla la mayoría de edad; un proyecto vital. Es lo que llevan dentro lo que nos hace diferentes. Nos permite comprender a otra gente [...] Estos niños están desarrollando inquietudes artísticas, laborales y espirituales mayores. Están aprendiendo otras cosas aparte de lo políticamente establecido.

5. N. del Ed.: La prueba de razonamiento SAT es una prueba de medición de las habilidades de razonamiento crítico para evaluar el éxito académico en la universidad.

Como parte de mi investigación para este libro entré en contacto con la actual directora, Susan Rowe, y le pregunté: «¿Se ha logrado continuar satisfaciendo las exigencias externas sin comprometer los principios de una educación centrada en los niños?». Y rápidamente recibí la siguiente respuesta junto con una invitación a visitar la escuela. «!Sí, lo hemos hecho! Los niños todavía son nuestra prioridad y el plan de estudios se diseña para servirles y no al contrario».

Es muy fácil fijar la atención en un ejemplo de excelencia, y estoy convencida de que este centro no es ni mucho menos único. Cada día, en muchas escuelas, educadores comprometidos proporcionan experiencias dinámicas de aprendizaje a sus alumnos. Lo que este ejemplo ilustra es cómo, pese a la influencia externa, el colegio se ha mantenido fiel a sus valores gracias a la coherencia de su propuesta y a su determinación por proporcionar una experiencia formativa muy especial. El ejemplo también pone de relieve algunas de las claves que enumeré en la introducción. La escuela desempeña un rol vital a la hora de conectar a los niños no ya con sus padres, sino con la comunidad local y, más allá, con la amplitud del mundo.

5

Tutorías (charlas de orientación)

En un aula no suele importar lo que digas sino cómo lo hagas. Tradicionalmente, los aspectos formales del plan de estudios se enseñaban de manera unidireccional y las tutorías individuales se reservaban para las actividades extracurriculares.

Este capítulo investigará diversos métodos para crear conversaciones que impliquen al educando, le muevan al compromiso y le ayuden a establecerse metas significativas. Muchos buenos maestros son asesores por naturaleza, pero no todos emplean esta metodología.

La práctica del asesoramiento puede tener un profundo impacto; los profesores y profesoras deberían pensar en sus mejores experiencias como estudiantes, recordar qué era lo que les inspiraba, y tratar de recrear aquel ambiente. Un educador que inspira mediante la labor de asesoramiento realiza una contribución fundamental; las escuelas tienen que comprender que, en el futuro, la enseñanza en el aula debería apostar por un enfoque mucho más individualizado y, en consecuencia, hacer de los grupos de debate o las tutorías personalizadas metodologías más empleadas que las típicas lecciones impersonales.

Los centros que apuestan por la colaboración y el progreso reconocen que los jóvenes no necesitan ser «instruidos» en el sentido tradicional. Lo que los jóvenes requieren es orientación, asesoramiento e intercambio de conocimientos. Conseguir estas destrezas lleva tiempo y tiene que ser comunicado mediante modelos de mejores prácticas distribuidos por la escuela. La consecuencia para la organización y el profesorado es un salto de enseñanza a aprendizaje, con una clara diferencia en la titularidad. Los jóvenes tienen que aceptar la responsabilidad de su propio aprendizaje, y es muy importante ayudarles a comprender su potencial.

Cada persona es diferente

Cada estudiante al que se enseña es diferente y todo profesor tendrá una manera distinta de hacer su trabajo. Reconocer estas diferencias es una parte importante del asesoramiento y la tutela en el aprendizaje. Es fascinante reconocer lo sutiles que estas diferencias llegan a ser; no habrá dos personas que tengan exactamente la misma combinación, y en este contexto nunca deberíamos permitirnos suposiciones acerca del alumno.

Un modo de ayudar a personas a desarrollar autoconfianza es invitándoles a alcanzar una mejor comprensión de sí mismos. Esta idea se desarrollará con detenimiento en el capítulo 9, pero en este momento también es relevante. Daniel Goleman menciona en *La práctica de la inteligencia emocional* un estudio realizado por la Carnegie-Mellon University entre varios cientos de «expertos del intelecto»:

> *Los mejores trabajadores buscan el* feedback, *quieren saber cómo les perciben los demás porque comprenden que ésa es una información valiosa. Puede que ése sea en parte el motivo por el que aquellos que son conscientes de sí mismos son mejores profesionales. Es de suponer que su autoconciencia les ayuda en un proceso de continua mejora.*

Prácticamente todos los profesionales modélicos demostraron conocer sus puntos fuertes y debilidades y de acuerdo con ellas abordaban su labor. Los autores del estudio sentenciaban: «Las estrellas se conocen bien a sí mismas».

¿Qué es el asesoramiento?

Existen muchas definiciones de asesoramiento pero, en resumen, provoca algunas de las siguientes consecuencias:

- Revela habilidades innatas.
- Permite tratar a cada individuo como persona.
- Inspira a otros a la acción.
- Permite un valioso intercambio de comentarios y observaciones.
- Hace del aprendizaje algo diferente y divertido.
- Alienta el autocontrol y la confianza (seguridad) en uno mismo.
- Aumenta la confianza y la autoestima.
- Modos de celebrar el éxito.

Técnicas de asesoramiento

Aunque gran parte del asesoramiento se desarrolla de manera natural e intuitiva, existen métodos y técnicas concretas a los que se recurre para una orientación eficaz.

Escuchar

¿Eres bueno escuchando? ¿Realmente te abres a los demás, deshaciéndote de prejuicios a la hora de escuchar? Frecuentemente, la gente está pensando en lo que dirá a continuación, asumiendo ideas preconcebidas acerca de su interlocutor o, aún peor, pensando en algo completamente diferente. En un aula concurrida, es una de las cosas más complicadas de hacer. Es necesario dar a la gente tiempo para exponer sus razonamientos, atender a sus respuestas y empujar al resto a hacer otro tanto. Las limitaciones del horario fuerzan al profesor a ceñirse al plan sin permitirle detenerse, pero es posible demostrar que realmente has escuchado a alguien demostrando estar o no de acuerdo con tu respuesta, o continuando la conversación en privado, donde es más fácil prestar la atención que cada persona requiere. Es una habilidad fundamental que todo el mundo debería adquirir.

Un método para promover la escucha atenta en los alumnos es organizar actividades en que, por parejas, tengan que entrevistarse mutuamente y resumir sus descubrimientos. En la bulliciosa sociedad actual, animar a los niños a manejar el silencio puede ser muy beneficioso. Igualmente, enseñarles a identificar comportamientos no verbales como el lenguaje corporal, la postura, las expresiones y los gestos les aporta algo de gran utilidad para la vida fuera de la escuela.

Preguntar

Y si escuchar es importante, también lo es saber formular las preguntas de manera efectiva. La habilidad de saber hacer la pregunta adecuada en el momento idóneo es una parte fundamental de la enseñanza. Hay unas pautas para interpelar de manera eficiente; pero, aparte de conocer este modelo, es importante que la conversación sea fluida y natural.

La mayoría de conversaciones se construyen siguiendo una estructura de preguntas, comenzando por preguntas cerradas a las que el estudiante pueda contestar, generalmente con respuestas afirmativas o negativas. Una vez que se haya creado el clima apropiado para la clase, el profesor o la profesora puede pasar a otro tipo de preguntas más abiertas, del tipo «¿por qué?»,

«¿qué?», «¿cuándo?», «¿cómo?» o «¿quién?». Conforme la lección avanza se pueden plantear cuestiones más a fondo como «Dime algo más acerca de...» o «¿A qué te refieres exactamente con...». Al interpelar es fundamental ser cuidadoso y tener en cuenta a tu interlocutor. Trata de no confundir al estudiante lanzándole múltiples preguntas. Inicialmente podría dudar en la respuesta; intenta esperar su contestación, pero si realmente la ignora, continúa y anima a otros a responderla. No fuerces ni presiones a una persona a contestar.

Aportar «feedback»

Aparte de las preguntas y respuestas, habrá ocasiones en las que el alumnado reciba reacciones, y será de una importancia fundamental que el estudiante lo entienda correctamente. Es muy frecuente que el alumno no sea tratado de manera especializada ni sensible. A continuación, unas direcciones importantes que seguir:

- Prepara con detenimiento, considera la situación y las posibles reacciones de los estudiantes.
- Trata de asegurarte de tener tiempo para poder ofrecer un análisis significativo uno a uno en lugar de hacerlo ante toda la clase.
- Pregúntale su opinión primero, eso te proporcionará un punto de partida.
- Comienza siempre por la parte positiva.
- Haz preguntas y presta atención a las respuestas.
- Incluye ejemplos concretos como parte de tus observaciones.
- Aporta propuestas de mejora.
- Comprueba si el alumno o la alumna comprende y está de acuerdo con tu opinión.
- Ofrece apoyo y ayuda.
- Termina siempre con un comentario positivo y optimista.
- Resume y acuerda los siguientes pasos; establece una fecha para la siguiente sesión.

Todos estos elementos son igualmente relevantes y necesarios. Escuchar con atención, hacer preguntas y aportar comentarios y observaciones son piezas importantes en la caja de herramientas de la juventud.

Establecer objetivos

Para ayudar al estudiante a realizar logros puede ser útil establecer objetivos SMART. A veces es complicado ver con claridad lo que realmente se quiere. Se puede recurrir a la técnica SMART para acordar con padres e hijos a qué deben dedicar sus esfuerzos:

- *Specific (específico).* ¿Qué tiene que conseguir el alumno? ¿Podemos resumirlo en una frase? Si existen varios objetivos, ¿puedes ayudar a ordenarlos según su prioridad?
- *Measurable (cuantificable).* La nota de los exámenes es un indicador, pero hay muchos otros factores identificables antes de ese resultado final. Frecuentemente el suspenso se convierte en el centro de atención, el método SMART podría ser útil antes de esa etapa. ¿Qué otras medidas de éxito se pueden identificar? (Entrega de las tareas a tiempo, correcta ejecución de las tareas...)
- *Achievable (alcanzable).* Es uno de los estadios más importantes en el establecimiento de un objetivo; si resulta inalcanzable, tendremos un alumno desmotivado y dispuesto al fracaso. A veces es más efectivo establecer pequeños objetivos y animar al estudiante a seguir progresando.
- *Realistic (realista).* Ésta es otra característica fundamental. No es recomendable que el estudiante se proponga objetivos inalcanzables, lo cual no significa que no deban imponerse retos, o aspirar a conseguir más, pero hay que apuntar a la consecución del éxito.
- *Timed (de una duración calculada).* Puedes colaborar con tus alumnos ayudándoles a planificar una agenda de horarios realista. Al individuo creativo le supondrá un enorme desafío, los apuros para cumplir con las fechas de entrega son algo con lo que probablemente tengan que vivir el resto de su vida. Es muy habitual que los creativos no encuentren la inspiración hasta que se les agota el tiempo. Muchos estudiantes apartan sus tareas hasta el último minuto y pasan la noche en vela para poder terminarla. Si les enseñas a imponerse otros plazos que les fuercen a comenzar su trabajo antes les estarás dando una herramienta muy útil.

GROW

Otra técnica para la orientación es GROW. Si trabajas con estudiantes, éste es un sistema para estructurar las preguntas en vuestra conversación[6]:

---

6. Adaptación del original de John Whitmore, en *Coaching: el método para mejorar el rendimiento de las personas*, 2005.

- *Goals (objetivos):*
  - ¿Cuáles son tus objetivos SMART?
  - ¿Exactamente qué quieres conseguir?
  - ¿Por qué esperas alcanzar esta meta?
  - ¿Qué expectativas tiene el resto?
  - ¿Quién más necesita conocer tu plan? ¿Cómo les informarás?
- *Reality (realidad):*
  - ¿Cuál es tu situación actual?
  - ¿Por qué no has alcanzado todavía este objetivo?
  - ¿Qué te frena?
  - ¿Conoces a alguien que lo haya conseguido?
  - ¿Qué puedes aprender de ellos?
- *Options (opciones):*
  - ¿Cuál podría ser tu primer paso?
  - ¿Qué más podrías hacer?
  - ¿A quiénes conoces que lo hayan logrado de manera diferente?
  - ¿Qué puedes aprender de ellos?
  - ¿Qué pasaría si no hicieras nada?
- *Will (voluntad):*
  - ¿Dónde encaja este objetivo entre tus prioridades actuales?
  - ¿Tienes otras prioridades que acaparen tu energía y motivación?
  - ¿Qué obstáculos esperas encontrar? ¿Cómo los superarás?
  - Puntúa tu nivel de implicación y entrega en una escala de 0 a 10.
  - Si la puntación es menor que 8, ¿te atreverás siquiera a intentarlo?
  - ¿Realmente quieres hacerlo? En caso afirmativo, ¿cuándo piensas comenzar?

Las charlas de orientación, personalizadas o en aula, pueden ser una herramienta muy práctica para fomentar métodos de estudio adecuados.

El profesor como asesor

Las conversaciones de orientación que pueden llevarse a cabo en un aula están sujetas a limitaciones de tiempo, lugar y cantidad de personas implicadas. Lo importante es conseguir crear un clima de asesoramiento lo más natural posible, para ello, el comportamiento como tutor debería manifestarse en el transcurso diario de las clases.

Si reflexionamos acerca de la labor de asesoramiento en el aula y esbozamos sus características, encontraremos una serie de rasgos identificativos de las personas más apropiadas para adoptar este rol. Son actitudes y comportamientos exhibidas por los mejores educadores y surgen del interés sincero por los demás.

Los mejores asesores:

- Construyen un entorno positivo.
- Sondean al aula para identificar necesidades.
- Emplean preguntas abiertas.
- Tienen en cuenta las necesidades de las personas.
- Realizan sugerencias para aprovechar las opiniones de sus alumnos.
- Escuchan de manera activa.
- Buscan propuestas y las aprovechan.
- Ofrecen su opinión.
- Acuerdan planes de acción para el desarrollo.
- Controlan el rendimiento.
- Dan un apoyo constante.
- Se dedican a mejorar los resultados.
- Se esfuerzan por aumentar los resultados respecto a los estándares requeridos.
- Hacen hincapié en el presente.

Para alcanzar la eficacia como asesor es útil comprender cómo aprenden las personas, cómo reaccionan y se adaptan al cambio, y qué les impulsa a querer hacer las cosas de manera diferente. Desde una perspectiva personal, merece la pena identificar y comprender algunas de las técnicas y metodologías para el asesoramiento antes mencionadas.

Atributos de los buenos asesores

Además, los buenos asesores:

- Son respetados porque se confía en ellos.
- Viven los principios.
- Poseen experiencia, lo cual añade valor.
- Tienen habilidades comunicativas (preguntan, promueven, aclaran y resumen).
- Dan ánimo y apoyo.
- Se toman tiempo para escuchar.
- Dejan que la gente extraiga conclusiones por su cuenta.

- Trabajan en grupo.
- Están profundamente convencidos de que siempre es posible mejorar.
- Apuntan a un objetivo final.
- Aceptan la responsabilidad conjunta de los resultados.

Código de práctica

Los asesores a menudo elaboran su propio código de práctica, aplicable a cualquier relación profesor-alumno:

- Respeta siempre la confidencialidad.
- Ofrece orientación, no terapias, pero reconoce cuándo un estudiante puede necesitar ayuda adicional.
- Trabaja para crear un entorno de apoyo y adecuadamente exigente.
- Adopta un enfoque holístico.
- Sé curioso. Estimula la curiosidad de tu alumno.
- Reconoce que el individuo está a cargo de su propio destino.

Esto sólo es el punto de partida. Antes de emprender la labor de asesor es importante considerar detenidamente sus implicaciones e identificar aquello que crees necesario incluir en tu código de práctica personal.

Como ya se destacó antes, es importante tener en cuenta los principios para la práctica del asesoramiento porque permiten el perfeccionamiento, la autoevaluación, la evaluación de compañeros, o en tu relación con los estudiantes.

Es recomendable contar con apoyo o iniciación a este trabajo. Este capítulo sólo identifica aspectos clave que tener en cuenta, no sustituye la formación necesaria para convertirse en un asesor real.

Autoconocimiento

- ¿Te conoces bien?
- ¿Puedes describir con precisión tus fortalezas y aspectos por desarrollar?
- ¿Sabes cuál será tu reacción en diferentes circunstancias?
- ¿Tienes en cuenta los consejos de otras personas?
- ¿Has recibido respuestas que te hayan ayudado a comprender mejor tu personalidad o el modo en que reaccionas al resto?

Todo educador puede beneficiarse del incremento de su *autoconocimiento*. En el capítulo 11 se estudia esta idea con detenimiento.

Fases clave del asesoramiento

Como parte de mi investigación en torno a la labor del asesor, he identificado algunas etapas básicas, igualmente presentes en el desarrollo del educador que inspira.

Crear el clima

Esta fase no se refiere exclusivamente al primer encuentro, sino a todas las sesiones posteriores también. Es normal que, cuando uno se enfrenta a su primera tutoría, dada la falta de experiencia, no sepa muy bien qué esperar. La situación es similar para el asesor neófito, especialmente si lo situamos en el aula, el ambiente puede no ser el propicio para crear un ambiente de aprendizaje. Sin embargo, un tutor con experiencia puede crear la sensación de conexión con el estudiante incluso en las condiciones más agobiantes. Lo importante es prestar atención al individuo y aplicar los principios para el asesoramiento.

Un asesor debe ayudar al alumno a plasmar su visión, y puede trabajar conjuntamente con él para asegurar una infraestructura que facilite el asesoramiento. También debe ser capaz de contextualizar lo que se explica, enseñando por ejemplo al alumno las destrezas necesarias en cada contexto determinado.

Afianzar relaciones

Poseer destreza para entablar relaciones es requisito esencial para el ejercicio de la docencia. La labor del educador requiere haber trabajado las habilidades interpersonales y el desarrollo de la inteligencia emocional. Ya se ha mencionado antes el inestimable valor de conseguir conducirse con naturalidad en el asesoramiento, especialmente cuando se combina con la participación múltiple. Transmitir conocimientos mientras se va comprendiendo cómo retiene la información el alumnado puede hacer de la enseñanza una experiencia muy enriquecedora. Estructurar las lecciones teniendo en cuenta las necesidades del alumnado y adaptar tu estilo adecuándolo a ellos son gestos que ayudan a establecer una relación, como también puede hacerlo el mostrarse abierto y receptivo. Saber cuándo intervenir, y hacerlo con el comentario adecuado es otra capacidad que desarrollar.

En una relación de asesoramiento, serás el aliado que acompaña al joven en el camino. Puede que se trate de un viaje hacia el desarrollo de una habilidad particular, para cumplir una ambición concreta o la consecución de un plan de acción previamente establecido. Sintonizar con el estudiante e identificar cuáles podrían ser sus sentimientos, saber cuándo comentar sus progresos y cuándo dedicarle algo de tiempo para hablar cara a cara, simplemente para recordarles que cuentan con tu respaldo, es un talento muy importante en un asesor.

Hay también un elemento muy importante en el buen profesor, que puede suponer la diferencia entre el éxito y el fracaso: es capacidad de inspirar. Habrá momentos en que, como profesor, dudes de tu capacidad para inspirar. Pero, en última instancia, es lo que influye en una tutoría. La habilidad intuitiva para decir lo apropiado y actuar de manera adecuada es lo que empuja al estudiante al logro último de la confianza en sí mismo.

Abrirse a la experiencia

Aunque no sea lo primero que viene a la mente al pensar en la labor de un profesor, este factor es igualmente importante y a menudo es el motivo de la ruptura en las relaciones profesor-alumno. Todo el mundo es diferente y tiene diferentes esperanzas, sueños y ambiciones. Uno de los motivos por los que suelen frustrarse las ambiciones es la opinión del resto. Profesorado, progenitores y otros adultos son con frecuencia responsables de limitar la confianza de una persona en su capacidad para lograr algo.

Como se ha subrayado en el anterior punto, una parte del rol del profesor consiste en inspirar al estudiante, de modo que, cuando un joven o una joven exponen sus ideas al adulto, éste no debe dejarse llevar por presupuestos basados en su propia experiencia, sino ser receptivo y escuchar. Por eso es importante que un profesor sea consciente de su propia capacidad para generar ideas creativas e innovar. En ocasiones puede ser necesario recurrir a otras figuras que le aporten al joven distintas opiniones, consejos o apoyo. Puede incluso que éste necesite reajustar sus motivaciones si su experiencia hasta la fecha ha dañado su autoestima; la actuación de un asesor puede empujarle a cuestionar y evitar una predisposición al fracaso.

Confraternizar

Un profesor que ejerce de asesor debe estar por encima de cualquier prejuicio, ayudar al estudiante a aprovechar las oportunidades y desafíos, y actuar como caja de resonancia. Es como si estuvieras ofreciendo asesoramiento a un amigo; en ese caso, le asistirías en su búsqueda de una solución. Debes mantener una conversación madura, ofrecer consejos prácticos, manejar técnicas y herramientas para la resolución de problemas, y ayudar al otro, sea estudiante o colega, a considerar las alternativas y soluciones.

Otro aspecto importante es ayudar al alumno a mantener los riesgos bajo control. Habrá quienes eviten el riesgo a toda costa, habrá quienes lo ignoren; un buen asesor le aconsejará a su asesorado que realice una evaluación precisa de los riesgos. Sin embargo, la decisión corresponde en última instancia a la propia persona; la función del asesor es ayudarle a avanzar y animarle si se queda rezagado.

Cooperación

Un asesor puede ayudar al estudiante a entablar una red de contactos, sugiriendo otros individuos y proporcionándole maneras de contactar con ellos. En las tutorías cara a cara es muy fácil que uno de los dos integrantes se convierta en el centro de atención absoluto de la sesión. Pero toda persona forma parte de un grupo mucho mayor de gente, por lo que ayudar al alumno o la alumna a establecer conexiones con otros es parte importante del papel del buen profesor. Tradicionalmente, a los licenciados que llegan a la empresa se les asignan mentores, que son quienes, durante su desarrollo, pueden presentar a los nuevos empleados de gran potencialidad a todo tipo de contactos.

Sin embargo, hay un método comunicacional mucho más natural en el seno de la organización, que permite a la gente intercambiar ideas, aprovechar la experiencia de otros y afrontar proyectos en colaboración. Aunque debe ser estimulado, dado que es muy fácil que la gente se guarde la información. Un buen educador puede hacer que los alumnos, ya sea a título individual o grupal, se relacionen para compartir información.

Fin de la relación

Ésta es una cuestión importante: saber cómo acabar las conversaciones. Como se mencionó antes, la gestión del tiempo es muy importante en una tutoría. En una conversación de asesoramiento hay que saber identificar el momento adecuado para parar y motivar al alumno a poner en práctica sus ideas. Lo habitual cuando uno encuentra un profesor motivador que realmente está interesado en él es que aproveche a máximo su atención. Pero el aprendizaje será más efectivo si se descompone en un ciclo de recepción, práctica y *feedback*. Este planteamiento adquiere importancia en una relación prolongada en la que se insta al estudiante a continuar renunciando al apoyo del asesor.

La mayoría de las personas recuerdan al maestro que les dedicó su atención, pero toda relación de enseñanza llega al momento en que la asociación ya ha cumplido su función y el alumno está preparado para seguir adelante. Hay que saber identificar este momento y gestionarlo apropiadamente, tiene que haber una combinación de reafirmación, aliento e inspiración para impulsar al estudiante a continuar avanzando.

Perfil del profesor como asesor

Identificar tu estilo de asesoramiento preferido puede suponer un gran avance hacia la consecución de la efectividad. Aquí tienes una muestra de distintas afirmaciones para que las tengas en consideración:

- *Crear el clima:*
  - Puedo crear un ambiente apropiado para el aprendizaje.
  - Puedo concentrarme en las necesidades del alumno.
  - Mi entorno no me distrae con facilidad.
  - Creo que, con la adecuada habilidad como asesor, la enseñanza puede producirse en cualquier lugar.
- *Afianzar relaciones:*
  - He dedicado tiempo a identificar mis capacidades interpersonales.
  - La gente reacciona de manera positiva al modo en que me relaciono.
  - Sé escuchar.
  - Sé plantear preguntas para identificar las necesidades educativas.
- *Abrirse a la experiencia:*
  - Puedo superar la situación inmediata y ver nuevas oportunidades.
  - No me pesan las experiencias pasadas.
  - Puedo estimular a los estudiantes a aventurarse y explorar experiencias.
  - Puedo inspirar a la gente a contemplar las situaciones bajo otra luz.
- *Confraternizar:*
  - La gente a menudo recurre a mí para que valore sus ideas.
  - Suelo encontrar un nuevo enfoque para tratar el problema.
  - Disfruto trabajando con otra gente.
  - Fomento el trabajo constructivo.
- *Cooperar:*
  - Poseo una red de profesionales en quienes me apoyo para conseguir mis objetivos.

- Trabajo duro en mi organización por establecer redes de contactos y organizo encuentros para el alumnado.
- Puedo identificar la conexión entre los diferentes proyectos y materias.

- *Fin de la relación:*
  - Cuando me dedico a una relación de asesoramiento, pido al estudiante que planee su futura independencia.

El momento, lugar y persona adecuados

En lo referente a tu propia experiencia, advertirás el aprendizaje más impactante cuando des con el momento, el lugar y la persona apropiados para guiarte. Las conversaciones serán muy especiales y no ocurrirán muy a menudo, pero cuando conozcas gente interesante y estimulante, valora esos momentos. Es probable que en esas sesiones experimentes tal comprensión personal que siempre guardarás ese recuerdo contigo.

6

Ansia por aprender. Apoyando a niños con talento

En *Gifted Children*, Ellen Winner describe a niños «excepcionalmente inteligentes» que se caracterizan por una notable energía y curiosidad, y actúan movidos por un «ansia por aprender». La autora afirma que tienen sus propias motivaciones incorporadas y que sus padres, en lugar de impulsar a sus hijos, parecen retroceder ante el puro empuje de su talento.

Para redescubrir la capacidad creativa, a menudo es necesario olvidar y volver a recibir algunas de las lecciones aprendidas en la infancia. No toda la gente responde al entorno educativo tradicional; en este capítulo se explorarán las oportunidades que existen para niños con capacidades especiales y cómo crearles espacios de mayor integración. En este capítulo se explicará cómo ayudar a personas brillantes partiendo del reconocimiento de que todo niño tiene un talento pero algunos podrían necesitar más apoyo para poder aprovechar todo su potencial.

¿Quién es ese niño?

Mira a ese niño distraído que llega tarde a tu clase, con el jersey descolocado, las gafas pegadas con cinta adhesiva, manchas de tinta en los dedos, completamente despeinado, bostezando mientras ocupa su sitio en las primeras filas. Sabes que a la hora del recreo será ignorado u objeto de burla por el resto de los niños. ¿Padece algún tipo de carencia? ¿Proviene de un entorno desfavorecido? ¿En qué piensan sus padres, enviándolo así a clase? No se trata de un niño necesitado, pero lleva consigo una carga: la carga de su propio talento. Y para muchos niños es algo que deberán sobrellevar el resto de sus vidas.

Hay muchos tipos de talento: hay quienes serán descritos como brillantes y dotados; a otros se les tachará de perjudiciales; a algunos se les llamará disléxicos; y habrá quienes lleguen a adultos etiquetados como «rebeldes». Ser creativo o académicamente dotado, especialmente para las artes, conlleva muchos desafíos; poseer un don para los deportes, en cambio, es lo máximo. Quien posee una habilidad artística o técnica suele ser considerado un bicho raro; la mayoría de los niños aspiran a ser un Beckham antes que un Bill Gates.

Volviendo al niño de antes, la razón por la que tiene ese aspecto es que, fuera de la escuela, vive en su propio mundo. O lee hasta bien entrada la noche o escribe sus propias historias, que garabatea con una caligrafía indescifrable porque sus manos apenas pueden seguir la velocidad de su cerebro. Se durmió tarde, y su madre no ha conseguido levantarlo esta mañana; se viste adormilado y, distraído, absorto todavía en su historia, se sienta sobre sus gafas. En clase se aburre. Ya sabe lo suficiente como para no levantar la mano y contestar a las preguntas. Aprendió esa lección muy pronto; las cosas que le decían el resto de niños cuando mostraba entusiasmo le enseñaron a permanecer callado durante el resto del curso. Y pese a todo, justo antes de salir a jugar, se te acerca y dice en voz baja: «¿Le importaría prestarme el nuevo libro de Stephen King?».

¿Cómo se puede ayudar a un niño así? Hay muchas dificultades. Lo primero es comprometerse con él y reconocer la profundidad y amplitud de su talento. Un talento de tales dimensiones que puede que un test convencional no lo reconociera. En segundo lugar, toca estimular su interés por el amplio espectro del aprendizaje; en ocasiones, los niños con talento quieren concentrarse en un solo campo en detrimento de otras áreas del conocimiento. En *Exceptionally gifted children* (2004), Miraca Gross presentó quince niños superdotados y siguió detalladamente su paso por la escuela para, en la segunda edición, continuar la investigación con su madurez.

Gross pone énfasis en la importancia de crear un «refugio» donde el niño superdotado pueda sentirse cómodo con otros:

> *Nunca se podrá insistir lo suficiente en que los problemas de aislamiento social, rechazo por sus coetáneos, soledad y alienación que afligen a muchos niños superdotados no surgen de sus excepcionales capacidades intelectuales, sino como resultado de la reacción social a éstas. Estos problemas se presentan cuando la escuela, el sistema educativo o la comunidad se nie-*

gan a crear una agrupación para los niños superdotados basada en la comunidad de habilidades, intereses y valores. Sólo mediante la creación de un grupo así los jóvenes excepcionales pueden librarse de los insultos y la burla de la gente de su edad, de la presión por ocultar sus habilidades en un desesperado y vano esfuerzo por disimular su diferencia, y de la espantosa sensación de ser el único tuerto en el país de los ciegos, objeto de desconfianza y envidia por poder ver, o tal vez por lo que puede ver...

La autora cita el trabajo de Joyce VanTassel-Baska, que identificó cinco elementos esenciales para el éxito de un programa para estudiantes superdotados:

1. Aceleración del contenido hasta el nivel de las capacidades del menor.
2. Enriquecimiento pertinente planificado con esmero.
3. Orientación en la selección de cursos y direcciones.
4. Formación que permita trabajar conjuntamente con otros jóvenes superdotados.
5. La oportunidad de trabajar con mentores altamente experimentados en la disciplina en la que el niño demuestra talento.

Howard Gardner enumera en *Mentes extraordinarias* (2005) tres grandes lecciones que extrajo de su estudio de la genialidad. Estas personas, escribe:

1. Destacan hasta el punto que repercute (a menudo explícitamente) en todos los detalles de su vida.
2. Se distinguen, más que por su impresionante energía innata, por su capacidad para identificar sus puntos fuertes y explotarlos.
3. Fracasan con frecuencia y a veces de manera dramática. Pero en lugar de rendirse, consideran un incentivo poder aprender de los contratiempos y hacer de las derrotas oportunidades.

También identifica cuatro categorías para clasificar la genialidad:

- *Experto.* Es «un individuo que ha alcanzado la maestría en uno o más ámbitos; su innovación llega gracias a la práctica continua». En este contexto propone a Mozart como ejemplo.
- *Creador.* Un creador «puede que haya conseguido dominar algún terreno, pero dedica sus energías a la creación de un nuevo campo». Ofrece el ejemplo de Freud, por haber creado el psicoanálisis.

- *Introspector.* Es «alguien interesado en explorar su vida interior, sus esperanzas, miedos y experiencias diarias». En esta categoría clasifica a Virginia Wolf y James Joyce.
- *Influenciador.* Un sujeto cuya meta principal es «influir en otras personas». Sugiere las figuras de Gandhi, Karl Marx y Maquiavelo.

El autor afirma que en cierto modo, todos poseemos el potencial para desempeñar cada uno de los roles; podemos sobresalir en una práctica, modificarla de manera importante, volver nuestra mirada hacia nosotros mismos o a los otros. Igualmente, dice:

> *No hay líneas divisorias que separen cada categoría. Dado que toda acción es hasta cierto punto original [...] Deberíamos pensar en nuestros cuatro modelos dispuestos en una configuración circular en la que cada uno se confunde con el resto por los extremos.*

En su reflexión acerca de lo extraordinario, Gardner avisa de que alcanzar el éxito escolar no es lo mismo que desarrollar la genialidad. Con una buena educación la mayoría de las personas pueden desarrollar un nivel alto de pericia y competencia. Para la mayoría de la gente, afirma, lograr esto sería suficiente: «Nos permite llevar una vida, encajar en la comunidad y educar a nuestros hijos».

Al trabajar individualmente con cada estudiante es importante ayudarles a comprender que su modo de ser tendrá una gran influencia en lo que quieran hacer y el modo en que conseguirán sus objetivos.

Ser original

Basándonos en lo comentado, una de las manifestaciones de la genialidad puede ser la originalidad. En el capítulo 4, se destacaron los test de pensamiento creativo de Torrance (TTCT). Uno de los indicadores en estas pruebas es la originalidad. Debemos respaldar a los niños que tratan de expresar lo que ellos consideran ideas creativas. Piensa en cómo aprenden los niños; en sus primeros años lo hacen a través del descubrimiento, que supone su primer paso vacilante hacia la libertad. Al primogénito o el hijo único (al igual que a los padres primerizos), sus descubrimientos pueden parecerle algo sin precedentes. Para muchas niñeras, y educadores de primaria, el aprendizaje que tiene lugar en la etapa más temprana es lo que hace que disfruten de su trabajo; no importa cuántas veces lo experimenten, ver a los niños disfrutar del aprendizaje hace que el trabajo merezca la pena.

Pero ¿qué pasa cuando el niño crece? ¿Qué ocurre con sus ideas embrionarias y su imaginación? ¿Hasta qué punto se les insta a intentar y no desanimarse por los fracasos? ¿Cuánto crédito se da a lo que consideran ideas originales? ¿Cuánto apoyo reciben aquellos que no encajan en el molde, o que son considerados «difíciles»? La curiosidad natural de un niño sólo se celebra en los primeros años, para ser recibida con menos entusiasmo conforme pasa el tiempo y el niño persiste en hacer preguntas, tanto en el hogar como en la escuela. La insistencia constante del «¿por qué?» en lugar de la aceptación pasiva es generalmente considerada como una provocación, no sólo por parte de los padres o profesores, también por el resto de niños; y muy a menudo las preguntas cesan, para ser sustituidas por un deseo de abandonar la escuela y perseguir sus propios intereses.

Actualmente, muchas organizaciones esperan desesperadamente ser consideradas «líderes de opinión», pero este liderazgo sólo puede proceder de aquellas personas capacitadas para estar al frente del terreno, descubrir perspectivas diferentes y desafiar las convenciones. Por lo tanto, es fundamental que las escuelas alienten la creatividad, la innovación y la originalidad.

Cómo promover un ambiente que sustente la genialidad

Como ya he mencionado en este libro, todo niño es diferente, actualmente se tiende a reconocer que la genialidad requiere mayores cuidados y, como indicó Torrance con sus test, quien posee una capacidad creativa puede necesitar un trato especial, porque ese talento podría no ser reconocido por los exámenes tradicionales. Todo niño necesita un desafío intelectual, y no tiene por qué ser necesariamente el mismo para todos. El menor que ha aprendido a leer en su casa no tiene por qué volver a empezar para progresar junto con el resto de sus compañeros. Las técnicas mencionadas en los capítulos 3, 4 y 5 se pueden aplicar a los niños superdotados igual que a cualquier otro.

Estas técnicas pueden proporcionar profundidad al aprendizaje del niño superdotado. Por ejemplo, incluso los niños más pequeños responden a las preguntas de sondeo. En lugar de preguntarles «¿por qué?» dale la vuelta a la tortilla y pídeles que encuentren las respuestas. Convénceles de que el aprendizaje es un viaje de descubrimiento e invita a los padres a implicarse también. En ocasiones, en el caso de niños superdotados, la relación entre la escuela y el hogar es tensa, y los padres no están dispuestos a comunicar la profundidad y amplitud del talento de su hijo por temor de que lo confundan con presunción. Pero el trabajo conjunto de padres y profesorado permite que el niño con talento, especialmente si se encuentra en educación infantil, sea rápidamente identificado y reciba el trato que necesita.

Una de las barreras a las que puede enfrentarse un niño superdotado es la relación con sus compañeros, algo particularmente cierto cuando dejan atrás la educación primaria para adentrarse en segundo ciclo. Encontrar a un niño con talento en educación infantil puede ser motivo de alegrías para el maestro o la maestra, pero su respuesta puede tener una verdadera influencia en el progreso escolar del niño. Existe un equilibrio delicado entre permitir al niño talentoso contribuir en clase y su relación con el resto de ésta. Ya se ha dicho antes que el resto de niños se muestran a menudo críticos con quien parece «saberlo todo». El estar dotado se revela de diferentes maneras: algunos niños son tranquilos y retraídos, otros pueden parecer mandones, otros demuestran todo tipo de conocimientos, pero no hay ninguno que represente que pueda diferenciarse como arquetípico de un comportamiento genial. Lo importante es que tanto en la escuela como en casa se trabaje para desarrollar sus habilidades académicas, sociales y emocionales.

Asistencia individual

Los niños superdotados suelen responder de manera positiva al contacto con adultos porque sus conversaciones se adelantan a las del resto de sus compañeros, pero para el maestro o la maestra puede resultar complicado ofrecerles la atención que requieren en el interior del aula. Aquí es donde la formación integrada puede ayudar al profesorado a diseñar la enseñanza de manera que permita una mezcla de apoyo individual y actividades exigentes. En un entorno multidisciplinario, se puede adaptar la educación para que proporcione al niño con talento la oportunidad de progresar tranquilamente a niveles más altos empleando, por ejemplo, *software* diseñado para estudiantes mayores.

Existen ayudas para los educadores que trabajan con niños aventajados. El gobierno estableció la National Academy for Gifted and Talented Youth (NAGTY) en la Universidad de Warwick. La función de NAGTY era mejorar la educación escolar de niños superdotados y con talento, así como ofrecer apoyo concreto a aquellos estudiantes incluidos entre el 5% que mejores resultados haya obtenido. Aunque espera mejorar su alcance, incluyendo a todos los jóvenes hasta los 19 años y ofrecer guía, asistencia y desarrollo a profesionales, NAGTY es el centro de excelencia para la educación de niños superdotados en Inglaterra.

La National Academy se financia principalmente con inversiones procedentes del Departamento de Educación, a las que se suman ingresos adicionales provenientes de la asociación exitosa con negocios y aportaciones solidarias.

Recientemente se le ha otorgado la responsabilidad de planificar y llevar a cabo un registro nacional de los niños superdotados de Inglaterra. Este censo tratará de identificar todos los niños con talento y superdotados empleando toda la variedad de indicadores disponibles, como ya se hace en las pruebas de acceso a NAGTY. También facilitará a las escuelas el seguimiento del progreso de sus alumnos y permitirá identificar la enseñanza adecuada y oportunidades de desarrollo.

Además, cada vez son más los centros que ofrecen asistencia adicional a niños talentosos y superdotados mediante educadores especializados.

Inserción

Debemos equilibrar el respaldo intelectual que ofrecemos al niño brillante con el desarrollo social e interpersonal que le permita integrarse en la clase. El comportamiento de algunos menores superdotados puede distanciarlos de sus compañeros y, como resultado, pueden desistir de participar o convertirse en víctimas del abuso y las burlas de los otros. Como mencionó Gross, ofrecer un «refugio seguro» a estos niños puede influir mucho en su posterior evolución. Por ejemplo, habría que encontrarles ocasiones para asistir a eventos con otros niños de sus características. También, dentro de la propia escuela, se podría crear un pequeño grupo de proyectos en el que los niños superdotados exploraran su potencial.

El éxito de estas propuestas dependerá en gran parte de la capacidad del profesor para crear ambientes que inviten al aprendizaje, haciéndolo estimulante, exigente y divertido y donde se empuje a los estudiantes a realizar su potencial. Coombes School (véase el capítulo 4) es tan buen ejemplo como Writhlington School (véase el capítulo 9). En ambos centros, profesionales individuales, movidos por su pasión y compromiso, han sabido ir más allá de lo establecido por el plan de estudios oficial para proporcionar experiencias educativas estimulantes y excitantes para todos los alumnos, y que además permitirán a los niños más capacitados explorar sus habilidades hasta el límite.

Etapas de transición

Ya se ha mencionado la importancia de mantener lazos entre la escuela y el hogar, pero también es importante acompañar al niño superdotado en su progreso de curso en curso y de una escuela a otra. Para el sujeto con talento que ha contado con asistencia desde la escuela infantil, el salto a centros más estructurados de primaria y secundaria puede suponer una reducción de su creatividad a cada etapa de transición.

Como también se ha indicado antes, esto se puede acusar de diversas maneras: ya sea en su menor disposición a participar, en un descenso de su propio trabajo, o incluso en una desgana por asistir a clase. Prácticamente todos los niños con talento y los estudiantes precoces sufren porque se sienten incomprendidos.

Si observamos las respuestas del siguiente apartado y los comentarios de adultos creativos recogidos en el capítulo 2, queda claro que muchos niños no quieren ser considerados diferentes; así que conforme avanzan por el sistema escolar aprenden a ignorar sus talentos. Al mismo tiempo, otros que no quieren una formación generalista, o se sienten menos cómodos en otras asignaturas, al realizar este progreso podrían ver reducida o incluso perder la confianza en su capacidad para ser intuitivamente creativos. Esto también puede aplicarse a los estudiantes que hacen la transición de la escuela a la universidad, o de ésta al mundo laboral. Profundizaremos en la idea en el capítulo 9, pero puede ser decisivo trabajar con los jóvenes para ayudarles a identificar lo que quieren hacer durante el resto de sus vidas.

Como afirma Gardner (2005), la complejidad de lo que la persona con talento podría aportar supone un reto para el resto. La abrumadora respuesta de muchos de los adultos entrevistados es que las organizaciones no saben cómo gestionarlos para obtener lo mejor de ellos, ni abrir las vías adecuadas que permitan a estos adultos contribuir con lo que son capaces de ofrecer. De ahí la relevancia de asesorar al alumno a la hora de escoger la universidad o el puesto de trabajo idóneos y concienciar a los empresarios de la aportación que individuos geniales pueden realizar.

En mi labor de investigación con adultos creativos y de talento les pregunté acerca de sus experiencias escolares. Éstas fueron algunas de las respuestas:

Experiencias en la escuela

- «El colegio me resultó fácil, aunque siempre me relacionaba con alumnos mayores. Fui a un centro exclusivo de educación secundaria, con un ambiente muy competitivo donde siempre conseguí mantenerme entre los mejores de clase».
- «Los buenos resultados obtenidos y el consejo de mis padres hicieron que, en lugar de seguir a mis amigos a la escuela local de secundaria, me uniera junto con otros tres a un centro más selecto. Recuerdo haber tenido cinco peleas el primer día de clase y no haber comenzado ninguna de ellas. Aprendí que el castigo de los profesores era preferible a padecer el acoso de mis compañeros, y aprendí a hacer lo justo para arreglármelas y no destacar por ninguna razón. Visto ahora, lo mejor que extraje de mis años de escuela fue la experiencia de estar inmerso en un entorno ajeno y la oportunidad que me brindó de aprender cómo encajar hasta que pudiera escapar».
- «Positivas. Representé a mi instituto en infinidad de deportes a nivel estatal. Practiqué varios deportes a la vez. Los estudios no se me dieron tan bien hasta que llegué a la universidad. Allí es donde comencé a destacar, y más tarde en los estudios de postgrado».
- «Disfruté del colegio, pero me reñían con frecuencia por hablar o estar despistado... puede que ésas sean las verdaderas destrezas de aquellos con talento, pero no estoy seguro de cómo pueden cultivarse en la escuela con todas esas asignaturas en las que hay que examinarse hoy en día. Aprendía las cosas muy rápidamente, ¡excepto la gramática y las mates!».
- «Experiencias OK. Si mi talento es escribir historias, a veces me animaban y a veces no. Ser bueno en algo requiere tiempo y dedicación, y yo comencé a hacerlo desde muy temprano, pero el sistema escolar del Reino Unido no está diseñado para enseñar a alguien cómo ser bueno en un ámbito, sino que busca una educación equilibrada».
- «Me encantó el internado y todo el ambiente. Más tarde, en la escuela privada me faltó seguridad en mí mismo y fue un absoluto desastre».

¿Qué edad tenías cuando pensaste que podrías tener un talento?

- «Nunca pensé que lo tuviera, pero desde primaria supe que era diferente».
- «Nunca consideré que tuviera talento hasta bien entrada mi treintena, aunque pasé etapas de mi infancia sintiéndome diferente del resto de niños y niñas a mi alrede-

dor. Creo que era más sensible y espabilado que la mayoría de los niños con los que crecí, algo que también podría decir de algunos de los adultos de mi barrio. Tendía a distanciarme y observar a otros hasta que aprendía a no desentonar. A veces estaba bien sentirse diferente, pero era más frecuente sentirse incómodo por no ser como el resto».

- «Hacia los 15».
- «Todavía no estoy muy seguro de ser talentoso. O al menos de qué significa «talento». Poseo ciertas destrezas, que puestas juntas podrían parecer un talento».
- «Cinco años, cuando gané un premio de ballet y, aunque mi maestra se entusiasmaba con mi capacidad como bailarina, quise probar algo nuevo y ver si podía tener éxito. Conforme me hacía mayor me dediqué a todo tipo de disciplinas (gimnasia, arte, dramaturgia) y ocurrió lo mismo: una pequeña dedicación y la gente se deshacía en elogios. Esto, creo, me inculcó la convicción de que "puedo hacer lo que me proponga"».
- «Diez años, cuando empecé a ser el primero de mi clase en el colegio».
- «Primero debería decir que hasta que llegué más o menos a los 20 años, estuve convencido de no poseer talento alguno, en ningún campo, y nunca recibí el apoyo de ningún profesor del sistema de educación secundaria (al que culpo de la situación) y no recuerdo haber recibido una sola alabanza por su parte, ni por parte de mi padre (mi madre sí, me daba ánimos, pero carecía de la mentalidad práctica para juzgar si era bueno en lo quiera que hiciese). Por lo tanto, estaba convencido de estar por debajo de la media, o puede que algo peor, y de que la división del alumnado según sus aptitudes en los institutos, agravaba la situación. Por ejemplo, durante mi tercer año yo estaba en la clase 3I a la que llamábamos 3Inútil (¡y éramos los segundos mejores de ocho grupos!)».

Contribución discrecional

Una de las mayores dificultades para estos adultos con talento es tratar de manejar su creatividad, en términos tanto de cuándo ocurre como de volumen de ideas, pasión y genuino entusiasmo. Ayudándoles a identificar cuáles merece la pena perseguir, encontrando otras utilidades a ideas en las que ya han perdido el interés y facilitarles la integración, son algunas de las labores que debe llevar a cabo quien trabaja con adultos brillantes.

He diseñado un modelo acerca de la contribución discrecional que también puede aplicarse a niños superdotados. Se compone de cinco niveles y es similar a la teoría motivacional de Maslow y su jerarquía de necesidades.

Modelo de contribución discrecional

1. *Disposición a la asistencia.* Esta primera etapa se basa en la asunción de que las personas, una vez contratadas, están ansiosas por asistir al trabajo. En esta etapa, sus motivaciones podrían estar muy basadas en el sentimiento «sólo es un trabajo». Sentirán muy poca lealtad y puede que no sientan un gran compromiso para con la organización. Para el niño superdotado que acude a clase la sensación es muy parecida: «¿Por qué tengo que ir al colegio si no aprendo nada ahí?»
2. *Disposición a contribuir.* En este punto, además de entrar en tu organización, el sujeto está deseando contribuir. El modo en que sigan contribuyendo dependerá en gran medida de las expectativas puestas en ellos, lo realizados que se sientan y las reacciones que les lleguen. En el caso del joven superdotado, su disposición para el aprendizaje dependerá del ambiente en su aula. Inicialmente suelen contribuir en exceso, siendo siempre los primeros en responder, más tarde descubren que este comportamiento les distancia de sus compañeros y relajan la frecuencia.
3. *Disposición al trabajo conjunto.* Suponiendo que tienen éxito y, dependiendo del respaldo que reciban y la influencia de otros miembros del personal sobre ellos, comenzarán a interactuar, esperamos que de manera positiva, con el resto. Ésta es un área que suele resultar especialmente complicada al menor superdotado. Durante los recreos, el niño con talento podría ser el que permanece cerca del profesor o profesora, hablando animadamente quizás, porque es una de las pocas ocasiones en que cuenta con la atención de un adulto, o puede ser el que permanece apartado de todos. En las actividades grupales suele ser el último en ser elegido o, en el caso de haberse integrado con éxito, trabajará con sus compañeros viendo sus aportaciones reconocidas y valoradas.
4. *Disposición para el liderazgo.* Durante un periodo de tiempo podrían querer demostrar sus dotes de mando y aprovechar la oportunidad para progresar. Actitud que podría suponer más dinero, pero también abandonar un trabajo conocido y al resto de tu equipo detrás. Algunos adoptan esta decisión, otros rechazan la oportunidad. La gente con talento no siempre quiere ser responsable de otros; las personas más creativas e inconvencionales raramente están interesadas en dirigir a otras, ya tienen suficientes dificultades para controlarse a sí mismos. Lo mismo se puede decir de los niños ta-

lentosos; a una edad temprana algunos disfrutan siendo el cabecilla, dando la impresión de ser unos «mandones», aunque a veces sienten una verdadera preocupación por los suyos y buscan guiarlos a todo tipo de aventuras. Al hacerse mayores, esta disposición puede devenir en un comportamiento antisocial si escapa a su control o les sobra el tiempo o, de igual modo, puede que sigan realizando proyectos. Como en el caso del adulto inconformista, muchos pueden preferir las actividades en solitario.

5. *Disposición a realizar una contribución discrecional.* Una vez que han llegado a este nivel, las personas contribuyen más allá de lo que se les exige, ofreciendo una contribución discrecional. Se supone que la gente que llega a este estadio reconoce su aportación diaria, pero escogen ofrecer más de lo requerido. Esta actitud se evidencia al ofrecerse voluntario, dedicar horas extra a un proyecto, continuar dándole vueltas a una idea fuera del trabajo, o en una voluntad de representar a la empresa en el exterior. Sobre todo, es un estado mental de compromiso en cuerpo y alma, y el empleado está dispuesto a hacer todo lo posible por la organización. El éxito de muchas PYMES radica en la actividad discrecional. Podemos trasladar el planteamiento a la situación de menores superdotados adaptados e integrados en un entorno que les respalda y permite alcanzar la excelencia; en este contexto no hay límites a las contribuciones que un joven con talento puede llevar a cabo.

Para finalizar, una lista para asistir al niño con talento:

- Demuestra un interés sincero por *todos* los niños, pero debes estar dispuesto a reconocer el apoyo adicional que pueden necesitar los alumnos más capacitados. Emplea recursos externos (de instituciones, por ejemplo) y los propios recursos del colegio, en el caso de que los haya, para ofrecer una asistencia especializada.
- Reconoce rápidamente el talento, y ten en cuenta que puede materializarse de formas muy diversas.
- Colabora con estos niños en los periodos de transición; trabaja con los padres y compañeros de trabajo para asegurar que el chico o la chica recibe la asistencia necesaria durante estas etapas.
- Motiva a todos los alumnos explotando sus intereses y pasiones. Contágiales tu propia energía. Dedícales tiempo. Muestra un verdadero interés hacia ellos y sus intereses.

- Identifica y aplica contenidos que les exijan, y les pongan a prueba.
- Mantén un contacto directo con los adultos responsables de ellos, especialmente durante los primeros años, para comprender mejor la amplitud de su talento.
- Proporciona a los estudiantes aventajados oportunidades de trabajar con otros como ellos. Si es apropiado, busca a otros adultos que puedan servirles como mentores.
- Ofréceles reconocimiento, demuéstrales que los valoras y trata de que acepten responsabilidades. Lleva a cabo un seguimiento y proporciónales un análisis constructivo de su desempeño.
- Ayúdales con delicadeza a integrarse. Reconoce su talento, pero haz que reconozca los diferentes talentos del resto.

La mayoría de nosotros nos contentamos con dedicarnos a actividades extraordinarias, en minúscula, haciendo quizás nuestros «pinitos» en la poesía o escribiendo ocasionalmente un relato. Son pocas las personas con el talento y el nervio para llegar a lo más alto, que persigan alcanzar la Extraordinariedad, en mayúscula, por la que su contribución ayude realmente a replantear un aspecto de la experiencia humana. Esta gente debería asumir cada vez más responsabilidades en los mundos felices por venir. (Howard Gardner, *Mentes extraordinarias*, 2005)

7

Generar autoestima

«La esperanza enciende las neuronas». Algunas citas se instalan en tu cabeza y desarrollan vida propia. Leí esa frase por primera vez en *Motivar para aprender en el aula* (2005) de Ian Gilbert. Gilbert se la había oído pronunciar al profesor John MacBeath de la Universidad de Strathclyde e imaginó que no podía ser originalmente suya. Gilbert continúa describiendo cómo, cuando nos sentimos esperanzados, «nuestro cerebro literalmente se enciende con la energía eléctrica circulando por la región intelectual-superior». Sin embargo, por contraste, cuando nos embarga la desesperanza «el cerebro perderá su brillo por la reducción de energía [...] hasta el nivel más bajo, más básico, de hacer-lo-menos-posible-para-sobrevivir».

Y continúa para describir el cerebro de un estudiante diciendo:

> *Imagina que los cráneos de tus alumnos son transparentes y mientras estás trabajando con ellos puedes ver destellos de actividad eléctrica dentro de sus cabezas. Observa de qué modo un comentario como «Llegarás lejos», una mirada de aprobación o un simple gesto de asentimiento ilumina sus cerebros.*
>
> *Por el contrario, mira cómo un comentario de desdén puede hacer desaparecer toda esperanza. «Las matemáticas no son tu fuerte, ¿eh?», «No creo que llegues a ser un buen poeta», «¿Y dices que eso es una oveja?».*

Paul Torrance se pronuncia de manera bastante similar en *The career guide for creative and unconventional people* (Eikleberry, 1999): «La sociedad se comporta de manera despiadada con las mentes creativas, especialmente cuando son jóvenes».

¿Das o retienes esperanza? ¿Salen los estudiantes de tus clases con mayores niveles de esperanza y optimismo que cuando entraron?

Generar autoestima

Son muchos los adultos que todavía acusan la influencia negativa de su paso por la escuela; este capítulo presenta métodos para conseguir que el niño desarrolle resistencia y confianza en sí mismo.

En el capítulo 4 se habló de la seguridad en uno mismo y la influencia del pensamiento positivo. A las organizaciones deportivas, los negocios y todo tipo de personas se les anima constantemente a creer en sus posibilidades, ¿no sería más lógico comenzar a hacerlo cuando son jóvenes?

Existe la firme creencia, entre muchos escritores de manuales de desarrollo personal y autoayuda, de que si verdaderamente crees en algo puedes hacer que ocurra; es el poder del pensamiento positivo. Otra manera de llamarlo es «diálogo interno». Shad Helmstetter argumenta en *What to say when you talk to yourself* (1998) a favor de preparar tu cerebro para pensamientos positivos en lugar de los mensajes negativos que recibimos en nuestras vidas.

La triste realidad es que mucha gente rinde por debajo de su capacidad, frecuentemente como resultado de las reacciones que reciben de los demás. Padres, profesores, amigos y parejas son a menudo responsables de ofrecer (a veces sin que se les pidan) consejos que debilitan la confianza de la persona hasta el punto de abandonar por las dudas que otros han alimentado.

Helmstetter dice que los más destacados investigadores de la conducta han descubierto que hasta «un 77% de cuanto pensamos es negativo y contraproducente y funciona en nuestra contra». Y a continuación pregunta:

> *¿Y si todos y cada uno de los días, desde que eras un niño pequeño, hubieras recibido una ración extra de seguridad en ti mismo, el doble de determinación y mucha más confianza en los resultados? ¿Puedes imaginar los cometidos que podrías realizar con facilidad, qué problemas podrías superar y qué metas alcanzar? [...] ¿Podría ser que esos que parecen más afortunados que el resto tan sólo hubieran sido mejor programados? [...] Ya no es una teoría para conseguir triunfar [...] El cerebro cree aquello en lo que le insistas.*

Estrechamente relacionada con la seguridad en uno mismo está lo que los psicólogos denominan *autoeficacia*, el juicio positivo de la capacidad de rendimiento personal. La autoeficacia no es lo mismo que las habilidades reales de que disponemos, sino más bien nuestra confianza en lo que somos capaces de conseguir con estas habilidades. Las destrezas por sí solas no bastan para garantizar nuestra mejor actuación; debemos creer en nuestras destrezas para poder sacarles el máximo partido. En *La práctica de la inteligencia emocional* (1999) Goleman cita el trabajo de Albert Bandura, un psicólogo de la Universidad de Stanford pionero en el estudio de la autoeficacia, quien señala el contraste entre aquellos que dudan de sí mismos y quienes creen en sus habilidades cuando hay que afrontar una tarea complicada.

Quienes poseen autoeficacia dan el paso adelante para aceptar un reto; quienes dudan de sí mismos ni siquiera lo intentan, sin tener en cuenta lo bien que podrían llegar a hacerlo. La seguridad en uno mismo aumenta las expectativas y eleva las aspiraciones, mientras que la duda las reduce. Goleman continúa para afirmar que «existe un estrecho vínculo entre el conocimiento personal y la seguridad en uno mismo. Todos tenemos un mapa interno de nuestras propensiones, habilidades y deficiencias». Y cita dos estudios:

> *En una investigación de décadas de duración sobre los directores de AT&T, la confianza temprana en las propias capacidades anticipaba las promociones y el triunfo posterior. Y en un estudio prolongado durante sesenta años sobre más de un millar de hombres y mujeres de coeficiente intelectual alto monitorizados desde la infancia hasta su jubilación, quienes se mostraban más seguros de sí mismos en los primeros años acababan siendo los más exitosos con el paso del tiempo.*

Brian Tracy adopta un planteamiento similar en *Máxima eficacia* (2003):

> *Los niños que aprenden a elaborar y mantener sus propios niveles de autoestima tienen un mejor autoconcepto que los demás. Los niños con una visión elevada y positiva de sí mismos obtienen buenos resultados en la escuela. No se dedican al vandalismo ni se meten en problemas, no hacen cosas destructivas a su cuerpo. Están más capacitados para resistir la influencia negativa de gente de su edad. Poseen un carácter más fuerte.*
>
> *Los niños con un buen autoconcepto y elevada autoestima son independientes en su manera de pensar. Tienden a razonar por sí mismos y a disponerse para el éxito y la realización personal. Están más centrados en realizar su potencial que en resarcir sus deficiencias.*

El autor también sugiere que, cuando el menor se siente bien consigo mismo, alcanza una mejor comprensión acerca de lo que le conviene a largo plazo. Desarrolla la capacidad de retrasar la satisfacción a corto plazo para poder disfrutar de mayores recompensas en un futuro.

Pero, ¿cómo conseguir que los menores consigan un alto concepto de sí mismos? En realidad no es algo que el profesorado pueda conseguir por sí solo; se requiere una relación entre el alumno o la alumna, sus padres y los profesores. No obstante, comprendiéndolo y reafirmando los principios puedes desempeñar un papel destacado en ayudarles a conseguirlo. Tracy afirma que el autoconcepto se compone de tres partes:

1. *Yo ideal.* Es una visión o una descripción ideal de la persona que a uno le gustaría llegar a ser. Puede ser una combinación de valores, cualidades y atributos, y establece los estándares de un individuo.
2. *Imagen de uno mismo.* La visión de Tracy es que tu imagen es la manera en que te ves, lo que piensas de ti y cómo afrontas tus obligaciones diarias. La describe como el «espejo interior» y comenta que «siempre te has comportado consecuentemente con el retrato de ti mismo que cuelga en tu interior». Argumenta convincentemente que es posible mejorar el desempeño de uno sustituyendo la representación mental que tiene acerca de esa área. Al comienzo de este capítulo me referí al trabajo de los preparadores de rendimiento, gran parte de su labor se centra en el terreno de ayudar al individuo a visualizar a una persona más exitosa. Cuando uno comienza a apreciarse más seguro e incluso como un ganador, desarrolla un comportamiento centrado y confiado. La idea enlaza con la visualización de técnicas empleada en el capítulo 4.
3. *Autoestima.* La tercera parte del autoconcepto es la autoestima. Tracy la describe como «la fuente de energía, entusiasmo, vitalidad y optimismo que impulsa tu personalidad y hace de ti un hombre o mujer de éxito». Afirma que el nivel de autoestima está determinado por dos factores: lo valioso y útil que uno se sienta, lo buena persona que uno se considere; y el sentimiento de «autoeficacia» según lo describe. Explica que ambas partes de la autoestima se reafirman la una a la otra. Cuando una persona se siente bien consigo misma actúa mejor, y cuando actúa bien se siente mejor consigo misma.

Resume la idea indicando que el mejor indicador de la autoestima es cuánto se quiere uno, y añade:

Cuanto más te quieres, mejor lo haces en lo que quiera que te propongas. Cuanto más te quieres, mayor seguridad sientes, más positiva es tu actitud, más sano y enérgico estás y, en general, más feliz eres.

Esto plantea enormes implicaciones para los padres y el profesorado. Los niños no nacen con un concepto de sí mismos, lo desarrollan mediante la interacción con los adultos de su mundo.

Cambio de paradigma

Aparte de las técnicas mencionadas en el capítulo 4, otra herramienta útil es el cambio de paradigma. La lógica que subyace en el cambio paradigmático es ayudar a la gente para conseguir un cambio de mentalidad. Al promover un desplazamiento de una perspectiva negativa a una positiva les ayudas a trabajar para conseguir lo que quieren. Parte de los principios de visualización: imaginar cómo podría ser y avanzar hasta identificar cómo te haría sentir. Puede aplicarse a actividades humanas básicas, como levantarse por la mañana, o a situaciones más personales y ambiciosas, como por ejemplo: «Quiero tener éxito y conseguir lo que quiero de la vida».

Al replantear su perspectiva personal de la desconfianza a la certeza, el estudiante puede comenzar a trabajar para conseguir aquello a lo que aspira. La cuestión es que resulta fácil decirlo pero resulta complicado de llevar a cabo. La intervención del educador como asesor puede ayudar a la persona a reafirmar sus creencias, a identificar estrategias para llevar a cabo el cambio, y reforzar sus primeros pasos hacia su consecución:

- «Quiero despertarme con facilidad por las mañanas. Disfruto al levantarme de la cama y poder disfrutar de la mañana».
- «Quiero tener un cuerpo sano y en forma. Soy una persona sana y en forma».
- «Desearía tener seguridad para poder entablar relaciones laborales. La gente me encontrará interesante y estimulante».
- «Quiero lograr mi ambición. Ya he empezado y voy a conseguirlo».

En todos los casos, el primer paso para conseguir un cambio de mentalidad es empezar a vivir como si el cambio ya hubiese ocurrido. Si me cuesta levantarme por las mañanas, ¿qué debo hacer para modificar mi concepción de lo que se siente al disfrutar despertándose? ¿Cómo podría hacer de las mañanas una experiencia más agradable?

Si quiero ser otro individuo más interesante y estimulante, ¿qué sentiría al ser esa persona? ¿Qué comportamientos debo desarrollar? Es necesario señalar, como ya se hizo en el capítulo 4, que estos logros no ocurren de la noche a la mañana, pero el primer paso es hacer creer al estudiante que es posible. Invitar a personas que hayan superado la falta de confianza en sí mismos a dar su testimonio, repartir estudios de gente que ha vencido a la adversidad, y dedicar tiempo y reacciones positivas a cada alumno individualmente pueden animarles a dar sus primeros pasos vacilantes hacia delante. Es muy importante poder mantener este apoyo y seguir haciéndolo cuando flaqueen en el camino o cuando rechacen la ayuda. Explicaremos esto detalladamente cuando examinemos la marca Yo en el capítulo 9.

Ayudar a las personas a creer en sí mismas

Partiendo del concepto de *cambio paradigmático*, una de las acciones más importantes que un adulto puede hacer por un menor es desarrollar su creencia en sí mismo. Desde el momento en que nace, las reacciones que el niño percibe definen su percepción de lo que pueden y no pueden hacer. Como adultos no podemos ni debemos interferir en lo que una persona cree que puede lograr. En cambio, hay acciones específicas que podemos llevar a cabo para empujar a los jóvenes a desarrollar confianza en sí mismos:

- Cree que cada niño es diferente, que tiene su propia combinación única de inteligencias, su capacidad de aprendizaje, esperanzas y deseos, por lo tanto, no los compares con otros niños. Esto se aplica en particular al caso de los hermanos menores, quienes suelen sufrir como resultado de las expectativas de similitud, o no, con sus predecesores.
- Comprométete a respaldar su progreso mediante *feedback* positivo. Recuerda lo que dijo Thomas Edison: «No he fallado; he encontrado 10.000 opciones que no funcionan».
- Ayúdales a adoptar una perspectiva optimista. El cuerpo responde a los mensajes que le envía la mente. La postura de una persona, la velocidad a la que se mueve y el modo en que reacciona al entorno que le rodea están definidos por las órdenes que el cerebro dicta. No te limites a hablarles de un cambio paradigmático, ayúdales a vivirlo a diario. Piensa en todos los mensajes que el menor recibe a lo largo de una jornada; convénceles de que deben crear su propio filtro.
- Ayúdales a superar el fracaso. Es especialmente necesario en época de exámenes. Ponles ejemplos de personas que suspendieron y han acabado triunfando en sus campos.

- Recuérdales que mañana es otro día. No importa lo dura que haya sido una jornada, o lo mal que te haya tratado la vida hasta ahora, nadie puede predecir qué ocurrirá mañana, así que anímales a afrontarlo como una oportunidad de volver a empezar, con la experiencia del pasado, pero con un nuevo futuro por delante.

Cómo desarrollar a otros

Además de las técnicas mencionadas hasta ahora y en los capítulos 4 y 5, hay una serie de acciones diarias prácticas que puedes realizar para ayudar al desarrollo de menores de cualquier edad:

- Ayúdales a ayudarse.
- Proporciona un entorno de aprendizaje estimulante.
- Mantén una sensación de *diversión* acerca del aprendizaje y la vida.
- Sé optimista e incúlcales esperanza en el futuro.
- Trata a cada niño como un individuo.
- Extrae lo mejor de cada alumno.
- Reconoce sus talentos innatos y sé esperanzador.
- Proporciona un sistema de apoyo.
- No frenes el avance de los niños creativos; enorgullécete de poder trabajar con ellos. Promueve su implicación en diversos proyectos.
- Promociona y aboga por las ideas de los estudiantes. Ofréceles la posibilidad de descubrir nuevas destrezas al aumentar sus responsabilidades.
- Disponte a compartir tu experiencia. Prepara a los niños para triunfar ofreciéndoles *feedback* positivo y constructivo.
- Propón a los alumnos crear sus propios planes de perfeccionamiento e identifica claramente con cada uno de ellos sus puntos fuertes y posibles áreas de desarrollo. Trabaja para darles la oportunidad de comprender mejor sus propias habilidades.
- Ofrece apoyo continuo y oportunidades adicionales de aprendizaje y asesoramiento.
- Cuando terminen el curso continúa interesándote por su evolución.
- Invita al centro a modelos de comportamiento que puedan explicar su historia, personas inconformistas, gente que haya seguido caminos poco frecuentados o que hayan superado la adversidad.
- No lo consideres una actividad excepcional, tiene que ser continuada.

Te podría interesar plantearte:

- ¿Qué sé de mí que pueda influir en el modo en que ayudo al resto a desarrollar su autoestima?
- ¿Demuestro habitualmente a mis estudiantes mi confianza en sus capacidades y su potencial?
- ¿Les animo a crearse un concepto positivo de sí mismos?
- ¿Doy a todos los alumnos la oportunidad de explotar su potencial?
- ¿Trato de estimularles antes de identificar aspectos que mejorar?
- ¿He despojado mi conversación con los estudiantes de cualquier tipo de crítica negativa?
- ¿Cómo podría modificar, cambiar o desarrollar mi comportamiento para incitar a otros a mejorar? ¿A quién conozco que sea un buen modelo de conducta?
- ¿Qué tengo que aprender para conseguir que otros aprendan y se realicen?

Sé un profesor o profesora diferente. Dedica tiempo a conocer de manera claramente diferenciada a los niños a quienes enseñas. Cuida, respeta y valora a cada estudiante y obsérvalos cómo crecen.

8

Creatividad y formación semipresencial

Los jóvenes se sienten más cómodos con la tecnología que con otra persona.
(Jeffrey P. Luker de Abdersen Consulting citado por Tom Peters en *El círculo de la innovación*, 1998)

Si un profesor del siglo pasado tuviera la oportunidad de pasear por las aulas actuales se maravillaría del equipo técnico disponible para los niños y jóvenes estudiantes. Como todos sabemos, los avances técnicos se han sucedido a una velocidad sorprendente. Resulta difícil creer que Tim Berners-Lee inventara la World Wide Web en 1989, y Google fuera creado por Larry Page y Sergey Brin en 1995 cuando, actualmente son sistemas empleados a diario por millones de personas. Y no se trata únicamente de ordenadores. Cámaras, teléfonos y equipos musicales han experimentado avances vertiginosos. Los jóvenes llevan consigo iPod cargados con tanta música como la que sus padres habrían podido recopilar en toda su colección de discos, mientras que sus tatarabuelos consideraban que darle vueltas a una manivela y reproducir un disco con una aguja era un excitante avance tecnológico.

Sin embargo, este acelerado progreso hace que resulte difícil seguir la pista de los últimos avances, y actualmente se plantean verdaderos debates acerca de en qué deberían invertir las escuelas. Este libro no es el lugar apropiado para entrar en detalle acerca de las diferentes opciones, pero he optado por dedicar este capítulo a poner de relieve la necesidad de desarrollar la capacidad creativa en el contexto más amplio de la formación semipresencial.

¿Qué es la formación semipresencial?

Puede que «formación semipresencial» sea un término relativamente moderno, pero dado el avance tecnológico representa una de las evoluciones más lógicas y naturales de la agenda educativa. Ofrece una solución al reto de ajustar enseñanza y desarrollo a necesidades individuales. También representa una oportunidad de integrar los avances innovadores y tecnológicos ofrecidos por la enseñanza en línea con la interacción y la participación propia de la mejor formación tradicional. Su eficacia es mucho mayor y se complementa con la experiencia y el apoyo del educador.

La creación de soluciones de formación semipresencial ha modificado todo el paisaje educativo. Algunos centros lo han adoptado, con el potencial que ofrece, mientras que a otros les ha constado más reaccionar. El comunicado de prensa de 2006 de la British Educational Communicatios and Technology Agency (Becta) afirma que:

Se ha experimentado un notable progreso en el compromiso con la tecnología por parte de la educación. Escuelas y colegios han ampliado el número de ordenadores y poseen conexión y acceso rápido a Internet. La adopción y el uso que el sector educativo hace de Internet, los proyectores y otras tecnologías de apoyo son una prueba de su rápido crecimiento.

Asimismo afirma que:

Las tecnologías móviles adquirirán un creciente protagonismo en la educación con la creciente adquisición de ordenadores portátiles y teléfonos móviles. También se ha disparado el uso de las tecnologías de la comunicación y la información por parte de los profesionales, especialmente en los centros donde se ha convertido en norma generalizada la preparación y exposición de las lecciones mediante recursos digitales.

No obstante, también plantea que «en particular, es necesario superar las diferencias entre la disposición institucional y la capacidad si el sector educativo quiere sacar el máximo partido a la inversión en tecnología».

La formación semipresencial es una mezcla de:

- Tecnología multimedia.
- CD-ROM y DVD.
- Aulas virtuales.
- Mensajería instantánea, foros de debate y *blogs*.
- Mensajes de voz, correo electrónico y teleconferencias.

- Animación de textos en línea y acceso a archivos de vídeo.
- Cámaras digitales, iPod, creación de bibliotecas de sonido digitales (*podcasting*), PDA y teléfonos móviles.
- Formas tradicionales de formación en el aula y asesoramiento individualizado.

¿Por qué es importante la formación semipresencial?

La verdadera importancia y trascendencia de la formación semipresencial reside en su potencial. Si olvidamos el término y nos centramos en el proceso, la formación semipresencial representa una oportunidad real de crear experiencias educativas que proporcionen el aprendizaje indicado en el momento y el lugar adecuados para cada persona, en escuelas, universidades y en el hogar. Mientras escribo esto, un titular en las noticias nacionales informa de que un profesor universitario graba sus clases para que sus alumnos puedan escucharlas en casa sin necesidad de estar presentes cuando las imparte. La formación semipresencial puede ser verdaderamente universal, cruzar fronteras globales y agrupar a estudiantes de todo tipo de culturas y franjas horarias. En este sentido, la formación semipresencial podría suponer uno de los avances más importantes del siglo veintiuno.

La formación semipresencial supone un verdadero paso hacia la diferenciación y permite proporcionar a centros educativos, institutos y universidades una oportunidad de ampliar metodologías de trabajo o progresar ofreciendo a los individuos la oportunidad de ser ellos mismos. También promueve la colaboración, permitiendo tanto a estudiantes como a profesores seguir trabajando más allá de los límites del centro escolar. Puede abrir al estudiante al mundo; e, incluso más importante, prepara a los jóvenes para un mundo laboral en el que la tecnología tiene la misma importancia y amplía el potencial de nuevas oportunidades laborales a los tecnólogos espabilados. También permite estrechar vínculos entre la escuela, el hogar y la comunidad local, con el empleo de diversos medios en el intercambio de información entre el profesorado y los padres.

Si, como centro educativo, trabajáis para generar formación semipresencial, es fundamental que exploréis todas las opciones que se os ofrecen, pero también que os ayudéis unos a otros a ver cosas que normalmente habrías ignorado. Animaos a ser curiosos, a estar abiertos y a querer descubrir más. En la sociedad actual más que nunca, existe una necesidad fundamental de administrar el saber. Con la llegada de Internet y la velocidad del progreso tecnológico, se hace incluso más relevante disponer de algún tipo de mecanismo que ayude a cribar e identificar qué es importante y qué prescindible. Como en el dicho «No sabes qué no sabes», podéis perder mucho tiempo buscando lo que crees que podríais encontrar.

«Storyboards» y «flowcharts» (guiones gráficos y diagramas de flujo)

Cuando se preparan encuentros educativos que incluyen una aplicación tecnológica, puede ser necesario crear diagramas de flujo y guiones gráficos que sirvan como mapa de ruta marcando los momentos clave y el avance por el proceso de aprendizaje. Se está experimentando un constante desarrollo de herramientas para la realización de productos audiovisuales y multimedia propios. El objetivo principal de cualquier herramienta o técnica a la que recurramos es asegurar que quede constancia de la secuencia lógica del aprendizaje. Como en cualquier viaje, deberá haber paradas de descanso en las que se anime al estudiante a pedir indicaciones o a explorar conceptos, pero es fundamental que exista un mapa del conjunto. Y, si estás creando un ambiente de aprendizaje interno ambicioso o simplemente las etapas clave de un viaje concreto, esta visión debe supeditarse a un plan de desarrollo mayor.

En términos prácticos, un flujograma, un guión gráfico o un mapa no se emplean sólo para explicar el movimiento y los pasos clave al diseñador de páginas web o a otro tipo de productores multimedia, sino también como herramienta visual para ilustrar al equipo interno o a los proveedores externos el recorrido o el desarrollo global. Aprender a deshacerse de información irrelevante y definir los pasos clave es una valiosa lección de aprendizaje. Avanzar con pasos simples y directos en un proceso de aprendizaje es uno de los principales beneficios de cualquier solución de formación semipresencial. Al principio podrá parecer complicado desarrollar soltura, pero el aprendizaje integrado no admite presuposiciones. Todo debe estar definido con absoluta claridad.

Identificando el aprendizaje en línea

Los principios para la identificación del aprendizaje en línea no difieren de los de cualquier otra intervención educativa. Como se señaló en el capítulo 3, todos tenemos nuestras propias preferencias para aprender. Debemos tener en cuenta estas preferencias y diseñar una experiencia educativa lo suficientemente variada como para satisfacerlas. La naturaleza de nuestro aprendizaje implica que la formación en línea sólo puede ser una parte de la amplia experiencia educativa. Sin embargo, plantear creativamente el proceso hace que pueda ser estimulante, interesante e íntimo para el alumno.

¿Quién debería diseñar los materiales?

Un factor para tener en cuenta debe ser cómo crear los materiales. Pese a que aprender a diseñar páginas web para elaborar tus propios materiales en línea puede ser un desafío interesante, podría no resultar práctico o posible teniendo en cuenta el tiempo de que dispones. Prácticamente cada día surgen nuevos recursos como material didáctico, es responsabilidad del profesor permanecer al día de estos avances e identificar qué puede resultar relevante para mejorar la práctica. Integrar recursos externos en el programa de estudios es parte de la labor del profesor, como también lo puede ser identificar modos creativos de usar la tecnología.

Validar el contenido

Realizar pruebas dentro de la organización e identificar dónde se sitúa el contenido relevante es muy pertinente. Llevar a cabo una comparativa de las mejores prácticas y establecer una red de contactos con colegas de profesión también son labores importantes. En este ámbito, nada puede compararse a estar integrado en una red laboral y en organizaciones nacionales en las que los materiales son evaluados y aprobados por especialistas de cada área. La organización de un equipo de pruebas para analizar los materiales puede suponer una gran contribución al éxito final del producto.

De igual modo, se puede ayudar a asegurar una exitosa puesta en práctica explicando el concepto de formación semipresencial a los compañeros y al resto de la organización.

Principios de diseño

El componente en línea de la formación semipresencial debería ser algo más que un simple texto colgado en la Red. Su uso adecuado ofrece oportunidades de crear una formación interactiva, dinámica y divertida, pero requiere el empleo de *software* de diseño especializado y conocimientos en informática para crear un entorno de aprendizaje efectivo.

Hay ciertos criterios que es importante recordar cuando se prepara la enseñanza en línea; también puedes emplear este listado para evaluar el trabajo diseñado por otros:

- El contenido debe ser de alta calidad e interesante.
- Menos es más. Recuerda que el estudiante estará leyendo en una pantalla.
- Considera las posibilidades de impresión. La información puede imprimirse para leer y evita tener que estar desplazando el texto en la pantalla.
- Emplea un estilo periodístico, conversacional en lugar de un enfoque académico.
- Puedes emplazar a los alumnos a otras páginas donde puedan encontrar artículos o fuentes.
- Lo ideal sería disponer de un diseñador que diera a tu discurso un atractivo estético.
- Ten en cuenta que muchos estudiantes verán el material en ordenadores portátiles o pantallas pequeñas.
- Elige páginas que hagan un uso cuidadoso de la imagen y la animación.
- Recuerda que, al contrario que los alumnos que emplean otros métodos de aprendizaje en los que la secuencia está más controlada, los estudiantes en línea podrían acceder al contenido de manera más aleatoria, o desplazarse por él en busca de ideas concretas. Por este motivo, es importante conocer los tipos de navegación por Internet.

Como sucedió con la irrupción del vídeo, cuando se empezaba a manejar la habilidad de fotografiar a gente en movimiento, deberás reconocer la razón por la que empleas la enseñanza por Internet. Deberías ofrecer al lector una experiencia mayor que la de leer un texto cualquiera; si lo único que ofreces es un texto sobrio, no importa lo bien escrito que esté, habría que replantearse si es la manera adecuada para presentar la información, del mismo modo que presentar páginas saturadas de imágenes e ilustraciones puede suponer una distracción para el lector.

Contrato con el alumno

Uno de los beneficios de un entorno en línea es que permite un acercamiento y una familiaridad con el estudiante que es importante respetar. Uno de los problemas con la compra por Internet ha sido una reticencia muy natural por parte del usuario a dar información personal al llevar a cabo una transacción, y lo mismo ocurre en el caso del aprendizaje. Cuando el usuario emprende una interacción podría estar revelando información acerca de sí mismo que debe ser protegida y tratada con integridad. La propia naturaleza del proceso que están llevando a cabo podría implicar el registro de sus respuestas personales a diferentes asuntos, asumir valoraciones y compartir su opinión con otros. La siguiente lista resalta algunos aspectos clave.

Listado para el control del entorno generado

- ¿Trata con respeto al usuario, aclarando qué información es confidencial y qué podría ser expuesto al resto de usuarios?
- ¿Busca embarcar al estudiante en una experiencia relevante, inspiradora, divertida y diferente?
- ¿Anima al alumno a responsabilizarse de su propio aprendizaje mediante etapas planificadas para alcanzar el dominio personal?
- ¿Proporciona experiencias de aprendizaje estimulantes e interesantes y recurre al método adecuado para el aprendizaje en lugar de emplear la tecnología porque sí?
- ¿Utiliza un lenguaje claro, sin jergas técnicas y que apele al lector?
- ¿Establece conexiones entre educación en línea y fuera de línea y el aula para que el estudiante pueda llevar a la práctica lo aprendido?
- ¿Ofrece posibilidades de evaluación válidas, significativas y de confianza?
- ¿Ofrece la oportunidad de debatir con otros en un entorno seguro?
- ¿Invita al lector a implicarse y promueve la respuesta y valoración de sus compañeros y otras personas?

Puesta en práctica del listado

- ¿Hemos comprendido el potencial educativo?
- ¿Hemos planificado la creación de la formación semipresencial con el respaldo técnico e independiente de Internet adecuado para ayudar durante las primeras semanas de la puesta en práctica?
- ¿Se ha realizado una prueba piloto de los materiales antes de su puesta en práctica?
- ¿Contamos con apoyo técnico de refuerzo para asegurar el funcionamiento sin incidencias del lanzamiento?
- ¿Hemos formado al personal en el empleo y potencial de la formación semipresencial?

Utilización de otros recursos

Además de la enseñanza en línea, existen otras muchas formas de educación en el aula apoyada en la tecnología, y en cada caso hay que plantear la misma pregunta: «¿Por qué las utilizamos?». Es fundamental identificar la lógica educativa tras la metodología. También es importante que la tecnología se adecúe al grupo de edad; algunos métodos tardan más en producir resultados y hay que tenerlo en cuenta al realizar la primera valoración. Asimismo requerirán una preparación cuidadosa y, como ocurre con cualquier equipamiento técnico, un ensayo general puede ser un ejercicio útil para asegurarse la familiaridad con el funcionamiento del material. Si fuera posible, también sería práctico contar con el respaldo de una segunda persona. No hay nada peor que despertar las expectativas de los niños con una actividad interactiva y ser incapaz de hacer funcionar el equipo.

Además, estos recursos no tienen por qué ser especialmente sofisticados; muchas escuelas están aprovechando la experiencia y la familiaridad de los estudiantes con los dispositivos tecnológicos que poseen en casa. Emplear cámaras y vídeos digitales puede ser un gran punto de partida para proyectos creativos; y adentrarse más tarde en la animación puede despertar un gran entusiasmo en los niños.

Aprendizaje en Internet

Te guste o no, la Red es una herramienta fantástica. Obviamente, ha sido duramente criticada por su uso indiscriminado y la descarga de trabajos, pero su uso disciplinado para realizar búsquedas puede ser muy útil. Emplear un motor de búsqueda para recopilar información facilita el acceso inmediato a mucha más información de lo que esa misma búsqueda ofrecería en una biblioteca. A veces puede sobrepasarnos, pero es imposible sobrevalorar la velocidad de acceso y las oportunidades de explorar el mundo, realizar consultas y trabajar en redes globales.

Internet puede abrir al niño creativo a un mundo que por un lado le estimule y por otro satisfaga su curiosidad natural. Al educador le ofrece una fuente de información constante y, al igual que al alumno, la oportunidad de contactar con colegas de todo el mundo. Hay infinidad de páginas web específicamente diseñadas para alumnos o profesores; una de ellas es la BBC, que en su página «Blast» ofrece al adolescente una gran cantidad de opciones creativas mediante el uso de la música, el cine, la escritura creativa, el arte y el baile.

Formación

Un método tradicional para aprender a hacer algo es lanzarse de lleno y ponerse a experimentar. Sin embargo, será más práctico y eficaz si experimentas con alguien a tu lado que te inicie en los misterios de la tecnología. También aceleraría el proceso de aprendizaje recibir la formación adecuada acerca de cómo maximizar el potencial del equipo o las oportunidades de aprender creativamente.

Proveedores como Apple o Microsoft y otros organismos ofrecen cursos de capacitación y conferencias. A nivel interno, también puede resultar útil si una persona del centro se responsabiliza de las técnicas de la información y la educación, y mantiene al resto de la escuela o instituto informados de los nuevos avances. En muchos centros éste es un cargo asignado, pero cuando no lo haya, una persona entusiasta e interesada puede realizar la selección de información.

Otros aspectos que es importante recordar

Uno de los inconvenientes del incremento del aprendizaje basado en la tecnología puede ser la deshumanización. El estudiante podría perder la oportunidad de discutir sus ideas embrionarias con otros compañeros o profesores. La filosofía del aprendizaje autogestionado ofrece a las personas la posibilidad de elegir cómo y dónde aprender, lo cual supone ventajas tanto para ellas como para la organización. Sin embargo, una de las pérdidas potenciales de la disminución de actividades guiadas por profesores no tiene que ver tanto con lo pueda ocurrir en aula o la sala de conferencias, sino con las lecciones que tienen lugar cuando un adulto preocupado se da cuenta de que tienes dificultades y se ofrece a ayudarte o alimenta tu interés con la pasión que demuestra al enseñar. Por lo tanto, cuando se diseña una experiencia de aprendizaje integrado es importante acordarse de incluir oportunidades de contacto personal de ese tipo.

Trabajar virtualmente

Una de las virtudes claras de las nuevas tecnologías es la capacidad de transmitir mensajes rápidamente a lo largo del mundo, lo cual significa que en el diseño del aprendizaje sus agentes no tienen por qué estar en un mismo lugar. Podemos aplicar la idea tanto a nivel global como local. Es una potente herramienta de comunicación y permite que personas que trabajan en diferentes zonas puedan contribuir y expresar sus opiniones. Este mismo proceso puede emplearse para compartir información con otros mediante correo electrónico o redes internas, lo cual tiene grandes ventajas, especialmente para estudiantes que llevan a cabo trabajos de investigación:

1. Admite el desarrollo natural y creativo de ideas.
2. Los alumnos pueden contribuir simultáneamente.
3. Empleando técnicas muy simples se pueden comentar, arreglar o ampliar propuestas, manteniendo siempre el documento original.
4. Permite trabajar en diferentes franjas horarias y reducir el tiempo de desarrollo.
5. Trabajar de esta manera puede ayudar a forjar vínculos globales y superar diferencias culturales.
6. Cada usuario puede trabajar a la hora, lugar y ritmo que más se adecúe a su modo de aprendizaje preferido.
7. Para tener éxito, los diseñadores deben seguir los principios ya mencionados.
8. Este entorno virtual debe aplicar la misma disciplina de participación y fechas de entrega.

Las tecnologías de Internet son importantes para el mantenimiento de equipos virtuales. Esto puede implicar que seas miembro de una agrupación a escala mundial o participar en equipos de trabajo en línea. Lo importante es que los equipos virtuales requieren una mayor presión para establecer las reglas básicas para el trabajo conjunto. Pueden incluir las siguientes:

- Identificar de qué apoyo tecnológico disponemos y cómo podemos darle el mejor uso.
- Acordar la frecuencia de los encuentros.
- Comprometerse con la asistencia, a tiempo y sin interrupciones.
- Acordar las normas (por ejemplo: responder a los correos electrónicos en un límite de tiempo).
- Aprovechar el tiempo de manera eficiente (por ejemplo: definir el objetivo de cada encuentro en línea).
- Emplear otros métodos para el intercambio de información (por ejemplo, haciendo circular material previamente al encuentro para agilizarlo y permitir que todo el mundo acuda preparado e informado).
- Poder reunirse en persona de vez en cuando para afianzar relaciones más substanciales.
- Comprender las expectativas y necesidades de cada miembro del equipo.

- Reevaluar constantemente las posibilidades de mejorar los medios tecnológicos conforme los sistemas mejoran, pero usándolos apropiadamente (por ejemplo: no dedicando tiempo del encuentro a algo que debería haber sido tratado por correo).

Recordando esta lista tienes la oportunidad de explotar las ventajas y minimizar las desventajas del trabajo virtual.

¿Cómo la creatividad puede respaldar la formación semipresencial?

Como ya se ha explicado hay infinidad de tipos de tecnología disponibles, algunas más sofisticadas que otras. Es esencial darles un uso eficiente e imaginativo, no sólo por parte del joven creativo sino por cualquier usuario. La lista de aplicaciones es ilimitada. En el ámbito multimedia, los jóvenes pueden crear música, producir documentales, grabar cortometrajes, exposiciones de fotos, listas de correo, llevar al día sus propios *blogs*, aprender diseño de páginas web y emplear juegos de ordenador para resolver problemas de lógica. La tecnología puede ayudar a los estudiantes menos participativos. Esta tecnología permite que las ideas originales se desarrollen en cualquier tipo de medio por cualquier tipo de edad. Sólo se necesita acceso al equipo apropiado y el apoyo de profesores inquietos inspirados por las nuevas tecnologías y que embarquen a niños o estudiantes en un viaje de descubrimiento creativo.

9

Creatividad y empleo*

¡No puedes estrechar tu camino a la grandeza! (Tom Peters)

La preparación de los jóvenes para el mundo laboral comienza mucho antes de que alcancen la edad de dejar la escuela; empieza incluso antes de su concepción. Las esperanzas y aspiraciones de sus padres y abuelos, la comunidad en la que nacen y su país, todo influye en el futuro del recién nacido. En el capítulo 7 comentamos cómo «la esperanza enciende las neuronas». Si se priva a un niño de la ilusión, su viaje hacia la realización de su potencial se torna mucho más complicado.

Todos conocemos historias en las que la esperanza supera la adversidad, pero algunos niños tienen un camino mucho más complicado para llegar a su carrera ideal. La escasez económica no es la única razón. En algunos casos, son unos padres o un profesorado bienintencionados quienes se interponen en su camino. Hay infinidad de ejemplos de adultos que a mediana edad cambian a una profesión completamente diferente, a menudo con sueldos o perspectivas inferiores o en un ambiente más extremo, aduciendo que es algo que siempre quisieron hacer y, aunque en su juventud fueron persuadidos de intentarlo, se lo habían impedido compromisos y responsabilidades familiares.

Orientación profesional

La orientación profesional en las escuelas puede ser prácticamente inefectiva, especialmente en el caso de personas creativas. Las empresas en-

* La autora parte del contexto social y cultural del Reino Unido para el desarrollo de este capítulo.

cuentran bastante complicado administrar su acervo de talento, pero al menos para entonces ya se ha tomado una decisión. ¿Qué carrera laboral habrías aconsejado a Leonardo da Vinci? Desde siempre, padres, profesores y adultos en general han recomendado a los niños escoger la opción más segura. En mi instituto había un orden establecido; a las chicas se les recomendaba emprender las siguientes opciones:

- Primera opción: universidad.
- Segunda opción: centro de formación pedagógica.
- Tercera opción: funcionariado.
- Cuarta opción: enfermera.
- Quinta opción: escuela de secretariado.

Cualquier desviación de este esquema estaba mal vista y se consideraba una insensatez. Y me pregunto, ¿es mejor el asesoramiento actual?

En *The mismanagement of talent* (2004), Brown y Hesketh afirman que:

> *Existen nuevas oportunidades de usar conocimientos aplicados, iniciativa y energías creativas en una amplia variedad de ocupaciones, incluyendo el trabajo para pequeñas compañías y el trabajo autónomo.*

Los autores citan a Ghoshal y Bartlett (1998), quienes sugieren que es necesario un nuevo enfoque de dirección. Alegan que líderes empresariales reconocieron que:

> *La creatividad humana y la iniciativa individual eran más importantes como fuente de ventaja competitiva que la homogeneidad y el conformismo [...] Su reto no era forzar a los empleados a encajar en el modelo corporativo de «Hombre de Organización», sino construir una organización lo suficientemente flexible para explotar el conocimiento idiosincrásico y las habilidades únicas de cada empleado.*

Brown y Hesketh continúan para hacer notar que el «cambio de enfoque de empleo a empleabilidad refleja la visión de muchas compañías que ya no pueden (o desean) ofrecer oportunidades laborales de larga duración a sus directivos o empleados». Aseguran que esto ha provocado una redefinición del concepto de *trayectoria* de una progresión por etapas dentro de la misma organización a una carrera sin límites. «La carrera sin límites aporta libertad e independencia de [...] los arreglos de organización tradicionales».

La empleabilidad no refleja sólo la nueva realidad comercial sino también el cambio en los estilos de vida y los valores culturales. Brown y Hesketh argumentan que los jóvenes empleados quieren puestos de trabajo excitantes que ofrezcan nuevos retos, algo difícil de proporcionar para cualquier empresa. Esto ha llevado a la creación de las carreras profesionales de «cartera», «sin límites» o «individualizadas» que pueden suponer un descanso del mercado laboral para dedicarse a otros intereses.

Una tendencia de la que se habla mucho es el aumento de las «industrias creativas». Benson escribiendo en *The Guardian* (1 de octubre de 2005), cita el discurso de presentación de los Presupuestos Generales del Estado de Gordon Brown, ministro de Economía y Hacienda, cuando afirmó que «las industrias creativas estaban generando un 8% de la renta nacional del Reino Unido y emplean a 1 de cada 20 trabajadores». También afirma que Brown quería hacer de «Gran Bretaña el taller creativo del mundo». Benson continúa y afirma que:

> *Los ayuntamientos ven las industrias creativas como motores de regeneración, y los negocios hablan de creatividad como de un valor fundamental en quienes abandonan el colegio.*

En el mismo artículo, Benson habla de un aumento del trabajo desde casa, con «una producción externalizada y subcontratada a personas que diseñan, escriben o programan desde una esquina de su ático, una cabaña o la mesa de su cocina. Si tenemos en cuenta los planteamientos anteriores, parece probable que las escuelas están preparando a los jóvenes para un mundo laboral con estas características:

- Mayor acceso a la formación universitaria para las masas.
- Más competencia para los trabajos tradicionales.
- Aumento de las carreras de cartera.
- Probabilidad de varios cambios de trayectoria.
- Aumento del «trabajador del conocimiento».
- Potencial para oportunidades de trabajo global.
- Aumento del trabajo autónomo.
- La necesidad de ser emprendedor tanto en entornos corporativos como en los negocios personales.

Uno de los retos que se plantean a la gente creativa es elegir el empleo correcto. Carol Eikleberry ofrece algunos consejos en su libro *The career guide for creative and unconventional people* (1999). Las personas creativas, indica, «quieren hacer sus cosas a su propio modo [...] Los creativos son más felices trabajando, y probablemente produzcan mejores resultados, si se les da libertad. Valoran la autonomía».

Y también dice que:

Una naturaleza expresiva, intuitiva y sensible no supone una ventaja cuando el trabajo consiste en llevar a cabo labores de mantenimiento rutinarias ajustándose a normas establecidas. De hecho, uno descubriría que es menos eficiente y encontraría el trabajo más agotador que el resto. Puede que, como la mayor parte de los trabajos disponibles son convencionales, te deprimas y pienses «no me gusta trabajar», sin percatarte de que se trata de ese tipo de trabajos, y no todos.

Esto se puede aplicar igualmente a la trayectoria de los niños en la escuela. Si sus primeras experiencias de un nuevo centro son decepcionantes, es probable que mencionen su desagrado y se cierren a la experiencia en su conjunto en lugar de reconocer que podría deberse a un estilo de enseñanza específico. Por los diferentes resultados de los alumnos en cada asignatura, frecuentemente, se entiende que son «malos» en una materia concreta cuando en realidad puede haber sido un resultado del modo en que han sido enseñados. Esto explica en parte por qué algunos jóvenes rinden más en las clases de recuperación; se les enseña de manera personalizada, el profesor se muestra más cercano y ellos se encuentran más confiados para plantear dudas acerca de conceptos que no comprenden.

Eikleberry mantiene que cuando encuentras un trabajo que se adapta a tus aptitudes sientes menos presión. Se refiere a Bernard Haldene y las «capacidades de confianza» («dependable strengths») que, asegura, llegan a las personas de forma natural: «Cuando trabajas con tus puntos fuertes, normalmente disfrutas del proceso y sientes que lo estás haciendo bien. Es como navegar con la corriente, en lugar de a la contra».

Al preparar a estudiantes para el mundo laboral es crucial ayudarles a identificar y reconocer sus destrezas, puntos fuertes y habilidades.

Un modo de hacerlo, sugiere Eikleberry, es emprendiendo un análisis como el incluido en una de las guías profesionales más conocidas, *¿De qué color es su paracaídas?* (Bolles, 2004).

La autora también propone cuatro preguntas para plantear como método para guiar la elección profesional. Resulta potencialmente más eficaz con adultos, que poseerán más experiencia, pero se puede adaptar para la aplicación a menores. Las cuatro preguntas deberían responderse a la vez, de manera aleatoria, anotando las respuestas para, posteriormente, identificar conexiones entre las respuestas:

1. «¿Qué haces cuando estás tan enfrascado y absorto que pierdes la noción del tiempo?». Realiza una tormenta de ideas; busca pautas y temas recurrentes. ¿Existe alguna tendencia?
2. «¿En qué clase de actividades, relativas a ti y no al resto, adoptas las decisiones más atrevidas y te arriesgas más?». Asegura que muy probablemente sea en las áreas en las posees una mayor confianza intuitiva en ti mismo. Realiza una tormenta de ideas; escribe las respuestas. No te limites a la escuela o al trabajo, piensa en aficiones y actividades extracurriculares.
3. «¿Cuáles son tus ideales profesionales? Piensa en fantasías relacionadas con el trabajo, incluso de cuando eras niño». Muchos adultos cargan con sueños frustrados desde la infancia en que padres y maestros les convencieron de no realizarlos. Si planteamos esta pregunta a gente joven la respuesta será más limitada, no obstante, será útil porque permite descubrir sus esperanzas y sueños.
4. «Otra pregunta es tener en cuenta lo rápido que ejecutas algunas tareas. Piensa en tus habilidades en términos de una carrera; a fin de cuentas, casi todo el mundo puede cubrir la distancia, pero el ganador es quien lo hace primero. Las áreas en las que eres el más rápido en comparación con el resto muy probablemente sean las áreas en las que eres más diestro». De nuevo es una pregunta a la que un adulto responderá con más facilidad, pero puedes aplicarla a los deberes o el trabajo fuera de la escuela, por ejemplo. También valora la seguridad en uno mismo: ¿En qué asignaturas responden con más confianza?.

Lo que se busca con las respuestas es animar a los jóvenes a comenzar una labor de identificar opciones. No se trata de definir un trabajo específico, sino más bien de hacerles conscientes de sí mismos. Como se señaló antes, las generaciones futuras tendrán un recorrido profesional muy diferente que el de sus profesores. El concepto de *carreras de cartera* y la incertidumbre en las pautas laborales hacen que los jóvenes vayan a necesitar una gran confianza en sí mismos. Todo estudiante tendrá que aplicar la creatividad a su modelo laboral. También habrá ocasiones en que se retiren del entorno de trabajo. Puede que las personas creativas hagan esto por propia iniciativa; pero en el caso de otros serán obligados por los que les dan empleo; de modo que todo estudiante tendrá que desarrollar flexibilidad y resistencia que le permitan mantenerse durante las malas épocas igual que en las buenas.

A la hora de escoger una trayectoria profesional, el problema para la gente creativa suele ser de enfoque. Normalmente encuentran complicado concentrarse y, en términos profesionales, tienden a la dispersión. Parece demostrado que por eso prolongan sus estudios, porque les permite aplazar la decisión acerca de su carrera. Por otro lado, para otros supone un desafío en cuanto que se consideran capaces de realizar muchas labores, y probablemente estén en lo cierto, de manera que tomar una decisión puede resultar complicado. Una manera diferente de abordar el problema es pedirles que identifiquen lo que no quieren hacer.

«Bajo ningún concepto quiero...» es una declaración bastante emotiva, pero puede revelar más información una respuesta a la pregunta «¿Qué te gustaría hacer?». Partiendo de las opciones rechazadas podemos comenzar a identificar lo que podrían querer en una futura carrera.

Al inicio de una carrera creativa, los individuos podrían no saber qué hacer o cómo proceder. La acción más importante que puedes llevar a cabo para ayudarles es animarles a aceptar sus talentos y a explorar las más amplias oportunidades de usarlas. Aquí es donde las asociaciones «de la escuela al trabajo» pueden ayudar; desafortunadamente, la experiencia laboral no siempre es un éxito. La necesidad de identificar una amplia variedad de empresas dispuestas y preparadas para responsabilizarse de una persona joven durante un periodo de tiempo puede ser un quebradero de cabeza. En el caso de las oportunidades creativas, puede resultar incluso más difícil convencer a un profesional creativo de que se responsabilice de un joven (si a menudo pasan penurias para organizar sus propias vidas, ¡no mencionemos hacerse responsables de otra persona!). En este caso, las visitas excepcionales parecen un mejor acuerdo. Cualquiera que sea la oportunidad hay una serie de preguntas fundamentales que deberían hacerse:

- ¿Qué sabemos acerca de las aspiraciones del estudiante?
- ¿Ha recibido el joven asesoramiento con suficiente antelación como para asegurar que sus estudios y preparación se ajusten a la carrera elegida?
- ¿Cómo hemos ayudado a preparar al estudiante para la experiencia de prácticas?
- ¿Hemos instado a la empresa a compartir información acerca de su estilo incluyendo su visión, sus valores, sus rasgos distintivos, etc. (Thorne, *Employer branding*, 2004)?
- ¿Encajará la experiencia de prácticas con la decisión formativa del estudiante, su preparación y sus futuras aspiraciones?

- ¿Cómo se estructurará la experiencia? ¿Qué oportunidades tendrá el alumno de obtener experiencias provechosas?
- ¿Está el estudiante bien informado acerca del mundo laboral en general?
- ¿Hay algún plan de formación especial o de elaboración de informes para el estudiante y la empresa?
- ¿Se ha animado al estudiante a registrar la experiencia empleando una amplia variedad de medios? (Una propuesta así debe contar con la aprobación de la compañía en el caso de emplear cámaras fotográficas o de vídeo). Esta experiencia permite el empleo de un diario ilustrado, cuya técnica se explica en el capítulo 4.
- ¿Cómo se puede conseguir que el estudiante resuma, extraiga conclusiones, comparta su experiencia con sus compañeros y aproveche al máximo la experiencia de aprendizaje?

Otra dificultad que debe afrontar el individuo creativo es comprender que, por cada persona que acepta con los brazos abiertos su peculiar visión del mundo, habrá muchos otros que le consideren perjudicial, problemático, egocéntrico y dominante. Además, la gente creativa suele encontrar frustrantes los largos procesos de selección para el puesto de trabajo. Partiendo de que, de entrada, ya encuentran complicado elegir una ocupación, una vez que se deciden están deseando empezar. Es probable que el ser rechazado en un puesto tenga más impacto para una persona creativa que para los demás. Por otra parte, pueden encontrar complicado ceñirse a una labor cuando sienten que podrían contribuir de manera más amplia.

Apoyando al joven en la toma de decisiones profesionales

Planear el viaje

Una de las primeras fases del trabajo con un estudiante es ayudarle a identificar a dónde quiere llegar. Pueden darse una gran variedad de opciones; es importante hacer que funcionen mediante etapas clave. Para algunos estudiantes esto puede resultar difícil si nunca han tenido la oportunidad de parar a plantearse sus deseos y aspiraciones. En un entorno laboral, el establecimiento de objetivos tiende a estar relacionado con el trabajo; por ejemplo: «¿Cómo vas a desarrollar competencias en las áreas que esta organización requiere?». En el contexto escolar es una combinación de objetivos inmediatos y sus aspiraciones a largo plazo; en parte se tratará el trabajo, pero también sus mayores sueños y esperanzas, enlazando con la visión y los valores de la «marca Yo» desarrollados más adelante. También se puede emplear el ejercicio de visualización del capítulo 4 para apoyar esta labor.

También será importante ayudarles a evaluar la realidad. En el entorno laboral actual, más que nunca, las personas tienen que hacer frente y controlar los cambios. Es fundamental que ayudes a tu alumno a profundizar en sus opciones y no hacer suposiciones partiendo de experiencias ajenas. Habría que incluir la posibilidad de mostrar a los alumnos el potencial del desplazamiento lateral en lugar de asumir una sola trayectoria profesional.

Puede que trabajes con personas que tienen muy claro lo que quieren hacer y una visión muy definida del futuro. Pero también podrías trabajar con estudiantes con poca confianza en sí mismos o con una autoestima baja. Ayudarles a cambiar su perspectiva podría resultar más que complicado, porque podrían ver que el comportamiento diario de los demás refuerza esta visión; en una situación así podrían resultar útiles algunas de las actividades propuestas en los capítulos 4, 5 y 7.

Otros estudiantes podrían descubrir como resultado de este ejercicio que lo que siempre consideraron que querían hacer ya no les atrae, podría deberse a su experiencia de prácticas o, simplemente, a que están madurando y empiezan a considerar seriamente su futuro. Sea por el motivo que sea, es una situación delicada y pueden necesitar asesoramiento acerca de cómo desarrollar los conocimientos y las capacidades que requerirán. Insisto, piensa lateralmente. ¿Qué otras opciones existen? Las clases nocturnas, el aprendizaje abierto...

Comprobar aptitudes y conocimiento

Además de indicadores más evidentes como los resultados de exámenes, los jóvenes tienen cada vez más oportunidades de asomarse al mundo laboral, incluyendo proyectos empresariales escolares; por lo tanto, ayudarles a identificar sus aptitudes y conocimientos puede llevarles a comprobar sus correspondientes áreas de competencia. Incúlcales seguridad, que realmente confíen en su talento.

¿Qué te gustaría hacer en el futuro?

Ayúdales a plantearse respuestas a algunas de las siguientes preguntas:

- ¿Qué estilo y sistema de trabajo?
- ¿Qué responsabilidades?
- ¿Qué sectores te atraen?
- ¿Qué roles en particular?
- ¿Qué compañías?
- ¿En qué posición?
- ¿Qué aptitudes, competencias, capacitación o nuevos conocimientos necesitas?

¿Cuáles son mis objetivos profesionales?

- De aquí a tres meses me gustaría haber...
- De aquí a seis meses me gustaría haber...
- De aquí a doce meses me gustaría haber...
- ¿Qué sería razonable plantearme como objetivo a corto plazo?
- ¿Cómo puedo dividirlo en pequeñas metas asequibles?
- ¿Quién me apoyará?
- ¿Cómo mediré mi éxito?

¿Qué otras aspiraciones tengo aparte de lo laboral?

Es muy fácil centrarse en objetivos laborales pero, especialmente para la gente joven, es importante promover una mirada más amplia hacia el futuro. ¿Cuáles son sus aspiraciones y esperanzas? ¿Cuáles sus ambiciones?

Fijación de metas extraordinarias («stretch goals»)

Los objetivos deben establecerse a corto, medio y largo plazo. Además, puedes ayudar al estudiante a triunfar animándole a fijarse pequeños objetivos realizables, además de metas más ambiciosas y a largo plazo. Emplea técnicas como SMART para ayudarle a identificar los detalles; tal vez necesites ejemplos para ayudarle a construir su propia lista.

Plantéale preguntas abiertas para llevarle a identificar las áreas en las que le gustaría desarrollarse. Pero procura preguntar algo como «¿Qué quieres hacer cuando termines la escuela?», porque simplemente podrían no saberlo. Puede ser más práctico comenzar con objetivos más amplios basados en el desarrollo de alguna habilidad.

Otro factor está relacionado con las motivaciones personales. Lo que normalmente marca una diferencia significativa en la consecución de objetivos son la disposición y la voluntad de la persona. Pese a ofrecer apoyo a todos los estudiantes, puede ocurrir que algún joven, presionado por todos lados a decidir su futuro, se retraiga y su verdadera voluntad no se descubra hasta que deja el instituto.

Sin embargo, a la mayoría de jóvenes les entusiasma pensar en su futuro y, basándonos en la actividad recién explicada y empleando la figura 1, podremos ayudarles a crear su propia marca personal.

Crear la marca Yo

En las publicaciones de negocios cada vez se hace más referencia a los conceptos de *marca personal* y la *marca Yo*. Tom Peters fue uno de los primeros en emplearlos y, en un artículo para *Fast company* en 1997, «The Brand Called You», habla de proclamarse «director general de Yo S.A.»:

> *Independientemente de la edad, la posición o el negocio en el que trabajamos, todo el mundo debe comprender la importancia de hacerse un nombre. Somos directores de nuestras propias compañías: Yo S.A. Para participar en los negocios hoy en día, nuestra labor más importante es ser vendedores de la marca Yo.*

Entre otros aspectos remarca la importancia de la visibilidad:

> *Cuando promueves la marca Tú, todo cuanto haces [...] y eliges no hacer [...] transmite el valor y el carácter de la marca. Todo, desde cómo te desenvuelves en las conversaciones telefónicas a los correos electrónicos que envías [...], forma parte de un mensaje mayor que comunicas acerca de tu marca.*

En un contexto así, será crucial para los jóvenes comprender la marca Yo. En un mundo en el que cada uno dispone de sí mismo, será vital posicionarse de manera efectiva. Existe, de todas formas, un delicado equilibrio entre comportarse agradablemente, generando confianza, y ser descarado y chulesco, que es, precisamente, en lo que fallan algunos esfuerzos por generar una marca personal. Aquellas personas a quienes, por ejemplo, no les gusta recibir asesoramiento estilístico, se sentirán incómodas con este planteamiento de marca personal. No obstante, bien aplicado puede tener una utilidad incalculable para ayudar a los jóvenes a profundizar y comprenderse mejor a sí mismos. A continuación, algunas de las áreas de enfoque extraídas de las fases clave de la figura 1.

Figura 1

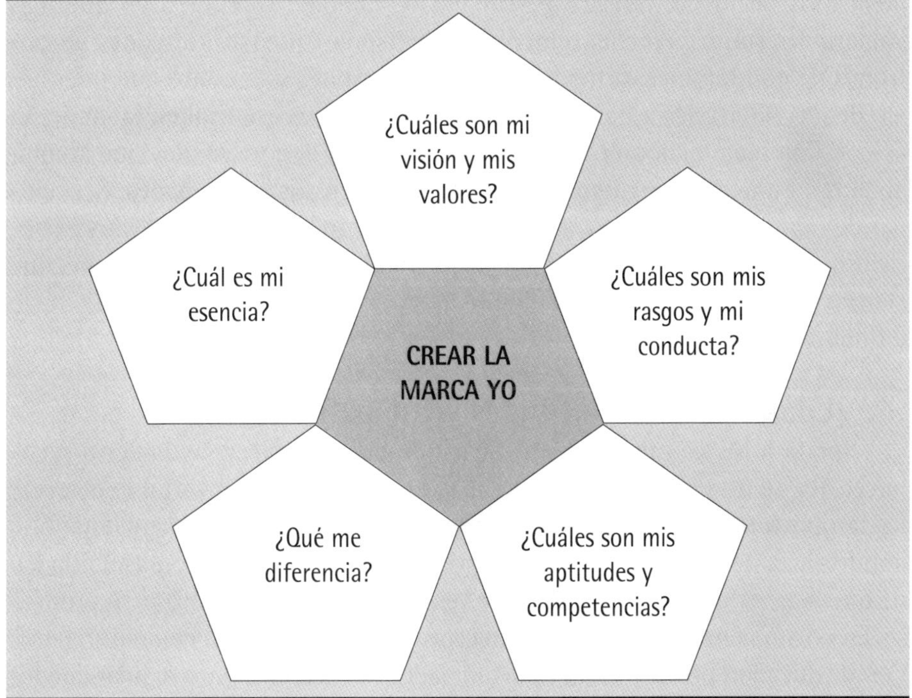

Fuente: *Brand Me* © The Inspiration Network

¿Cuáles son mi visión y mis valores?

Como en cualquier ejercicio de *marketing*, la visión es una de las áreas más complicadas de definir, pero tiene que ser una verdadera declaración con la que el individuo pueda identificarse y, al preguntarlo, el estudiante debería entender claramente qué representan y defienden. Curiosamente, una de las pocas veces en que los alumnos deben compartir sus opiniones y valores para organizar un manifiesto es en el caso de elecciones escolares. Las investigaciones parecen demostrar que ahora los adultos buscan que sus valores se ajusten a los de la organización que le emplea.

Cuando las personas comparten una visión están conectadas, unidas por una aspiración común. (Meter Senge, *La quinta disciplina*, 1993)

¿Cuáles son mis rasgos y mi conducta?

En esta área clave los estudiantes alcanzan a discernir la manera en que se muestran a los demás. Es lo que manifestamos a diario en nuestra interacción con otras personas, el modo en que nos comportamos y cómo exponemos los rasgos de nuestra personalidad. También es el área en que más vulnerables somos. Frecuentemente, las personas quedan atrapadas en patrones de conducta reafirmados por las situaciones y la gente que hay a su alrededor. Alentarles a dar el famoso primer paso es esencial en la labor del asesor. Como en cualquier tipo de entrenamiento deportivo, hay que animar al alumno a avanzar alimentando su creencia en sus capacidades. Reaccionar de manera constructiva a su comportamiento puede resultar muy beneficioso para el joven, pero, como señalamos en el capítulo 5, tiene que centrarse en cosas que pueden cambiarse y ocurrir en un contexto de inicio y final positivos.

¿Cuáles son mis aptitudes y competencias?

Incita a los alumnos a identificar qué pueden hacer. Ayúdales a reconocer qué se les da bien, a identificar sus puntos fuertes, y trata de ofrecerles la oportunidad de perfeccionar esas aptitudes. Ya se ha mencionado la importancia de establecer objetivos precisos y actualizarlos con asiduidad, y de que la persona reciba *feedback*, y tenga la ocasión de analizar su progreso. En un ambiente de asesoramiento estas actividades surgen con naturalidad. Como educador, procura crear oportunidades de reconocer con regularidad los méritos individuales y de toda la clase.

¿Qué me diferencia?

Es lo que en *marketing* se denomina «propuesta única de venta» (PUV). ¿Cuál es mi mayor virtud? En una sociedad en la que «normal» puede significar «aburrido», puede resultar complicado animar a los jóvenes a identificar qué les hace únicos, pero en una entrevista, esa diferencia podría resultar decisiva para conseguir el puesto. O para ser rechazados, también. Las personas fuera de lo común y muy creativas necesitan comprender que probablemente no tengan cabida en un puesto de trabajo convencional si la organización que selecciona el personal considera que no podrán acomodarse. Como Gregory (2006) y Eikleberry (1999) exponen en sus libros, las personas deciden si conformarse o no, y algunos jóvenes podrían decidir no ajustarse a las normas de la organización. Si el caso es éste, pueden necesitar apoyo para comprender la importancia de su singularidad, que además debería ser identificada y medida de otras maneras si, por ejemplo, necesitan pedir un préstamo en el banco para sacar adelante sus propios negocios.

¿Cuál es mi esencia?

Se suele considerar «esencia», de nuevo un término típico del *marketing*, a la parte central, lo imprescindible del producto. ¿Con qué términos me podría catalogar? Si alguien le hablara de mí a otra persona, ¿cómo me describiría? ¿Qué me define? Es cuestión de percepción. ¿Cómo puedo proyectar mi más pura esencia a otra persona? Por ejemplo: «Soy un chico de 16 años que acabo de terminar mis estudios...», «Soy un bachiller...» o «Soy X y...».

(La autora dispone de perfiles que pueden ayudar tanto a profesores como a alumnos a identificar sus preferencias personales en relación con la creatividad, la innovación y la motivación para el cambio. Para más información pueden contactar a través de *contact@theinspirationnetwork.co.uk*)

¿Cuáles son las motivaciones para el joven en busca de trabajo?

Entre las prioridades de toda compañía está el atraer y retener talento; uno de los resúmenes más exhaustivos y respetados de los asuntos clave relativos al talento se encuentra en *La guerra por el talento* (2003) escrito por los asesores de McKinsey & Company (Ed Michaels, Helen Handfield Jones y Beth Axelrod).

En un artículo de *Fast Company* de 1998, «The War for Talent», Charles Fishman entrevistó a Ed Michaels, un directivo de McKinsey que ayudó a dirigir el estudio McKinsey original. La entrevista dio lugar a una serie de argumentos interesantes. El primero se refiere al acceso a las personas con talento. Investigaciones en los Estados Unidos han demostrado que grandes compañías están compitiendo por el talento con empresas emergentes. El motivo es que tienen posibilidades de hacer mucho dinero; precisamente la creencia que originó las primeras compañías «punto com». Y, quizás más importante, les permite estar en contacto desde muy temprano con los cargos más altos de la compañía, algo claramente demostrado con el triunfo de muchas compañías jóvenes tanto en el Reino Unido como en otros lugares del mundo.

En la entrevista, Fishman preguntó a Michaels: «¿Qué armas pueden emplear las grandes compañías, más establecidas contra los pequeños negocios de reciente incorporación?». Michaels sugirió que la mejor reacción posible por parte de las grandes firmas sería imitar a las pequeñas empresas y crear unidades más pequeñas y autónomas. Podrían usar su riqueza para generar más oportunidades, pero tendrán que reconocer qué motiva a las personas con talento.

Quizás, la parte más significativa del artículo fuese la enumeración de los tipos de campañas de captación de talento, que ofrece un indicio de hacia dónde podrían estar dirigiendo los jóvenes sus solicitudes.

Michaels distingue cuatro tipos de mensajes:

- *Únete a un ganador.* Éste se dirige a quien quiere una compañía de alto rendimiento donde van a conseguir muchas oportunidades de ascenso.
- *Grandes riesgos, grandes recompensas.* Quien responde a este modelo quiere un entorno donde se les ponga a prueba, desafiándoles a cumplir de manera excepcional o a retirarse; donde hay un riesgo considerable, pero buenas compensaciones, y donde puedan avanzar rápidamente en su trayectoria.
- *Salva el mundo.* Atrae a quienes buscan una empresa con una misión atractiva y un desafío estimulante. Una compañía farmacéutica o de alta tecnología, por ejemplo.
- *Estilos de vida.* Se adecúa a quienes buscan compañías que les ofrezcan mayor flexibilidad, un mejor tren de vida y una buena localización.

Como ya he mencionado en otros capítulos, algunos jóvenes creativos pueden encontrar dificultades para realizar su potencial, especialmente en un entorno corporativo, así que las anteriores categorías pueden ser un recurso muy valioso para ayudarles a identificar en qué tipo de compañía se sentirían más cómodos y algunas de las cuestiones que deberían tener en cuenta acerca de sus futuros dirigentes.

Trabajar con una red de contactos

En la introducción al libro se ha mencionado la conectividad, y es fundamental que todos los jóvenes comprendan tanto el poder como la importancia de establecer una red de contactos. Puede tener una cierta mala prensa, pero la habilidad para ver las conexiones entre personas, las relaciones de ideas y las oportunidades de asociar ideas y personas para aumentar tu red de contactos es una destreza de incalculable valor. Esta idea se desarrollará en el capítulo 11.

Iniciativa y emprendedurismo

El éxito de programas de televisión como *The Aprenttice* y *Dragon's Den*[7] ha avivado aún más el interés de la gente joven por establecerse en los negocios. Existen excelentes programas para motivar a los jóvenes a poner a prueba su capacidad empresarial. Hay universidades que, dentro de la titulación de Administración y Dirección de Empresas, ofrecen estudios de iniciativa, espíritu emprendedor o gestión de pequeñas compañías. La Universidad de Durham tiene un centro para el liderazgo empresarial. La Universidad de Bournemouth, reconociendo este crecimiento, ofrece los módulos Comenzar un Negocio y Emprendedurismo, Creatividad e Innovación como materias en su carrera de Ciencias Empresariales. El Arts Institute, también en Bournemouth, tiene un excelente Pabellón de la Empresa con espacios de incubación para licenciados, que está teniendo un gran éxito.

El Pabellón de la Empresa (Pe) es un nuevo centro de negocios para las industrias creativas. Financiado de manera conjunta por la South West Regional Development Agency y el Arts Institute, el Pe se dedica a potenciar el aumento de industrias creativas en la región y la retención de titulados. Permite a los licenciados en industrias creativas de la región beneficiarse económicamente de su conocimiento ofreciéndoles consejo, recursos y apoyo para establecer y sacar adelante su propia empresa. Como parte de esta ayuda, el Pe ofrece espacio para estudios u oficinas a precios asequibles y flexibles.

Los centros educativos también procuran ofrecer cada vez más oportunidades a sus alumnos de contar con la experiencia de dirigir un pequeño negocio. Un ejemplo excelente es Writhlington School, una escuela especializada en negocios y empresas, que ha conseguido un amplio reconocimiento por su ambicioso Project Orchid (Proyecto Orquídea), no sólo por las técnicas de cultivo de alta calidad, sino por la manera en que ha adaptado la idea del proyecto de centrarse en la iniciativa y el ahorro. Aparte de haber establecido vínculos con los Royal Botanic Gardens de Kew, también trabaja con el Eden Project en Cornwall suministrándole semillas para el ecosistema tropical. En mayo de 2006, el Orchid Project ganó una medalla de oro en la categoría de «aprendizaje de por vida» en el RHS Chelsea Flowers Show.

7. *Reality shows* de formato similar en los que el objetivo de los concursantes, jóvenes aspirantes a empresarios, es convencer a un prestigioso magnate de su aptitud para los negocios o de la valía de un proyecto empresarial para conseguir su inversión. Fueron creados en Estados Unidos y Japón respectivamente, pero el formato se ha exportado a numerosos países.

Por supuesto, también es importante poder contar con profesores emprendedores con la dedicación, el compromiso y el impulso necesarios para conseguir que estos proyectos funcionen. Un estudiante de Writhlington fue entrevistado en televisión por su implicación en el proyecto; su primera expectativa fue que se trataría de otro típico proyecto escolar para cultivar semillas en un invernadero; o se imaginaba la escala, el alcance y el éxito del proyecto. Ayudar a los jóvenes a tener fe en sus ideas, a pensar más allá de su entorno inmediato y a ser emprendedores, facilita su adquisición de habilidades vitales decisivas.

Uno de los mayores retos para los jóvenes creativos será la aplicación y el enfoque. No basta con tener buenas ideas; quien quiera llevar una idea al mercado debe ir más allá del momento «ajá». Es fundamental identificar el método de trabajo que prefieren en el proceso de toma de decisiones.

Algunas personas con iniciativa trabajan juntas como socios independientes, cada uno dedicado a un rol particular, con un enfoque conjunto para la consecución del espíritu empresarial.

Sólo quienes toman las riendas de su propio destino sobreviven en el actual mundo laboral. Los supervivientes serán aquellos que aprendan a actuar con iniciativa en todos los aspectos de su vida. Ya no dependerán de otra persona para planificar y realizar sus carreras, identificar y programar su trabajo, establecer objetivos, valorar su rendimiento e identificar nuevas oportunidades.

Todo el mundo puede ser emprendedor en su trabajo; es cuestión de olvidar viejos hábitos y sustituirlos por otros nuevos. El lugar, ritmo y estilo de trabajo cambian constantemente, y éste se está convirtiendo en una cuestión de poseer y emplear el conocimiento adecuado más que de aplicación de destrezas físicas.

Ser emprendedor consiste en:

- Sentir curiosidad por las nuevas ideas y conceptos.
- Reconocer la oportunidad de emprender nuevos negocios.
- Crear maneras nuevas e innovadoras de ampliar una idea existente.
- Crear nuevas ideas, procesos o productos.
- Asumir riesgos calculados.
- Ofrecer ideas independientes.
- Desafiar el *statu quo*.
- Convertir ideas creativas en soluciones comerciales efectivas.
- Poseer energía y seguridad para seguir adelante cuando las cosas se ponen difíciles.

A los jóvenes creativos puede interesarles trabajar por cuenta propia o para pequeñas empresas, pero es importante hacerles comprender que la opción empresarial no es fácil ni cómoda. La mayoría de empresarios trabajan increíblemente duro, especialmente durante los primeros años. A continuación, se ofrecen una serie de preguntas para ayudarles a considerar esta opción.

Las 20 preguntas más importantes para la empresa

1. ¿Conozco el valor de lo que puedo ofrecer? ¿Podría ponerle un precio?
2. ¿Qué recursos poseo?
3. ¿Me estimula la idea de tener el control de mi propio destino?
4. ¿Soy perseverante con las ideas? ¿Soy una persona resistente?
5. ¿Adopto la filosofía de lanzarme a conseguir las cosas?
6. ¿Hasta dónde preveo cuando considero el posible impacto de mis decisiones de comerciales?
7. ¿Qué hago para conseguir el pensamiento lateral y estratégico?
8. ¿Cuán creativo soy? ¿Qué acciones emprendo para generar nuevas ideas?
9. ¿Encuentro soluciones originales a los problemas que se me presentan?
10. ¿Tengo facilidad para encontrar vínculos y relaciones entre factores aparentemente inconexos?
11. ¿Analizo los problemas desde diferentes perspectivas?
12. ¿Puedo identificar nuevas tendencias?
13. ¿Se me da bien desarrollar ideas recientemente planteadas? ¿Me sumo a las nuevas tendencias? ¿Soy un pionero?
14. ¿Estoy preparado para defender una buena idea?
15. ¿Someto las nuevas ideas a exámenes rigurosos?
16. ¿Aprendo de los errores?
17. ¿Puedo convencer a otras personas de la importancia de hacer las cosas de manera diferente?
18. ¿Me concedo tiempo para tener en cuenta todos los aspectos, explorar las posibilidades y realizar consultas cuando tomo decisiones comerciales clave? ¿Con qué frecuencia someto a discusión los problemas con personas de diferente opinión para ayudarme a encontrar una solución?
19. ¿Estoy dispuesto a aprender otros métodos de trabajo?
20. ¿Tengo una buena red de contactos? ¿Cuántas relaciones comerciales tengo? ¿A quién conozco que pueda ayudarme?

Para acabar, como reacción a estas preguntas, si poseo todas las respuestas, ¿qué me frena? ¿por qué no me lanzo?

Hasta el fondo de lo desconocido para encontrar lo nuevo.
(Charles Baudelaire)

10

Desarrolla tu potencial creativo

Frente a muchos deberes por corregir, los lunes por la mañana, una clase indisciplinada, padres y madres complicados, una dirección exigente, compañeros poco colaboradores, y la oposición del consejo escolar, es fácil olvidar que hay todo un mundo creativo esperando a ser descubierto.

¿Hasta qué punto te conoces? ¿Hasta dónde fuerzas los límites del descubrimiento? ¿Qué haces para inspirarte? ¿Te describirías como una persona creativa? Durante años he trabajado con mucha gente ayudándoles a potenciar su creatividad. Lo interesante es cuántos de ellos se muestran reacios a reconocer su creatividad. Si pregunto a un grupo de personas «¿Os consideráis creativos?» habrá muchas miradas clavadas en el suelo. Muy poca gente quiere admitir que podría ser creativa; incluso he escuchado a niños muy pequeños decir: «No sé dibujar», «Soy un desastre con las artes». Lo importante en cualquier debate acerca de la creatividad es reconocer la escala y el alcance. No se aplica tan sólo a las artes, posee una dimensión mayor.

Si tomamos la definición de diccionario del capítulo 2, «creación, o capacidad de crear, inventiva e imaginativa», podemos apreciar que es posible aplicarla a cualquier disciplina. Incluso me atrevería a afirmar que no se puede ser profesor si no se posee algo de creatividad. Sé que hay profesores que consideran que las restricciones del plan de estudios constriñen su creatividad, pero la mayoría reaccionan con energía y vigor para acomodar el programa a sus maneras de pensar. En algunos casos, lo ingenioso de sus ideas y las oportunidades de aprender que crean van más allá de los estándares exigidos por el currículo nacional.

Es difícil distinguir de dónde provienen esas ideas. La inspiración no es algo que pueda ser sujetado y examinado. Es una sensación, un sentimiento, un estado de ánimo, algo que te eleva por encima de lo ordinario y te da fuerzas para conseguir algo especial. La inspiración está más allá de la normalidad de las actividades diarias. Ya se explicó en el libro la idea de «flujo», cuyo funcionamiento cada vez implica a más personas. También se han mencionado algunas técnicas para estimularla. No obstante, creo que merece la pena insistir de nuevo en que ciertas condiciones estimulan la creatividad.

¿Cuáles son las condiciones que mejor te ayudan a ser creativo o innovador?

Ésta era una de las preguntas de un sondeo que realicé para *Managing the Mavericks* (Thorne, 2003).

Las respuestas revelan una riqueza de estímulos que van desde elementos externos a equipos organizativos y al entorno doméstico de cada persona. Se mencionan a menudo la libertad, el estar relajado y, al discutir ambientes de trabajo preferidos, la necesidad de estímulos sensoriales. Para algunos encuestados también son importantes otras personas ya sean para someter a juicio sus ideas, o simplemente para hablar con ellos, relacionarse o tenerlos cerca para dar la bienvenida cuando vuelves del periodo de reflexión. Otros mencionan que los plazos, los desafíos y la presión también les ayudan a ser creativos.

Sus fuentes de inspiración eran igualmente variadas:

- «Cualquier novedad, un lugar que no he visto antes, la imagen de un portal, una cita que no he escuchado antes, la letra de las canciones, vídeos, historias en los libros o artículos en revistas, cuando conduzco con la mente en blanco y de repente surge un pensamiento que de algún modo es todo cuanto buscaba sin saberlo».
- «Acontecimientos, otra gente, pero principalmente ¡las voces de mi cabeza!».
- «Libros, fotos, imágenes, canciones, paisajes, recuerdos, conexiones y otros».
- «La belleza, la naturaleza, la música, la gente».
- «Sumergirme en el agua, ya sea en la bañera o nadando en una piscina, preferiblemente vacía, con un bloc de notas cerca para atrapar las ideas».
- «Los momentos inspiradores de la vida. Que también puede ser algo en la naturaleza, música, algo que he leído o un hecho real. Creo que básicamente se relaciona con situaciones en las que veo la fuerza oculta, el origen de la creencia, contra todo pronóstico, aventajando al resto y ese tipo de cosas».

Identificar fuentes de inspiración

Como se ha destacado a lo largo del libro, todos somos diferentes y, por lo tanto, encontramos la inspiración de distintas maneras, aunque a continuación añadiré algunas pautas. Un sistema para encontrar la inspiración consiste en prestar atención a las cosas que te rodean.

Los impresionistas fueron un grupo de pintores franceses que trataron de cambiar el acercamiento tradicional al arte reproduciendo impresiones visuales en lugar de pintar las cosas tal y como se ven. Trataban de atrapar un momento en el tiempo, repitiendo en ocasiones una misma escena una y otra vez porque el impacto de la luz era distinto en cada instante. Salían al campo, se establecían frente a una montaña y pintaban lo que veían. Con frecuencia nos dedicamos con prisa a una tarea detrás de otra, sin apenas parar. Un método para estimular tu creatividad es coger una cámara y sacar algunas fotos, no sólo bonitos retratos, sino fotografías con significado, incluidos primeros planos y ángulos inusuales. Observa las texturas de la pared, formaciones de nubes, paisajes industriales, escenas bucólicas, paisajes marinos, tejados y temáticas deportivas. Ponte a ras del suelo o levanta la mirada. Imagina que participas en una competición por la foto más inusual. La fotografía es una práctica absorbente y te puede proporcionar nuevas perspectivas.

Ve a una sala de exposiciones y acércate a un cuadro tanto como se te permita; maravíllate con la meticulosidad de las pinceladas. Ahora aléjate ¿qué ha cambiado? Visita arte moderno y antiguos maestros; aprecia esculturas; trata de entrar en la mente de un artista. Profundiza, adentrándote en expresiones artísticas cada vez más crípticas y oscuras y trata de identificar qué es lo que el autor intenta comunicar. Cuando se lleva una vida ajetreada, a veces se olvida la riqueza que reside en la mera observación y, en consecuencia, su creatividad no fluye porque no se puede encontrar una salida entre tanto desorden.

Otro modo de estimular tu creatividad es ejercer algún tipo de artesanía. Tradicionalmente, los artesanos son trabajadores con algún tipo de habilidad manual, crean cosas; hacen pan, cultivan vegetales, o tallan en madera o piedra. En la sociedad actual, mucha gente sueña con practicar la artesanía y poder fabricar cosas para vender en un mercado local. Aunque pueda considerarse una aspiración romántica, dedicarse a la elaboración es una manera de aminorar la marcha, tomarse las cosas con tranquilidad y dejar fluir la creatividad. Mientras se amasa el pan o se cuida de las plantas uno puede descubrir la solución a asuntos que le han estado preocupando durante semanas.

Podría parecerte que careces de la capacidad para hacer algo creativo, pero casi todo puede enseñarse. Nunca es muy tarde para aprender a tocar un instrumento musical, apuntarse a lecciones de danza o canto, o aprender a pintar y a esculpir. Probablemente no llegues al nivel de un Miguel Ángel o un Renoir, pero puedes disfrutar enormemente aprendiendo, y lo que produzcas te proporcionará un sentimiento de logro como si fuera una obra maestra. Y esto no se aplica únicamente a producir cosas: cuidar un jardín, darle instrucciones a un arquitecto o dar con la solución a un problema, todo acto puede estar cargado de creatividad.

Hay personas que siempre han querido escribir poesías, relatos, historias cortas... Julia Cameron recomienda en *The artist's way* (1995) escribir tres páginas todas las mañanas. Sugiere que estas tres páginas consiguen hacerte superar la idea de que no puedes escribir o no eres creativo; te permiten superar a tu «censor». Afirma que «el pensamiento lógico es nuestro censor», pero:

> *El pensamiento artístico es la parte creativa y holística de nuestro cerebro, piensa en patrones y sombreados. Ve un bosque en otoño y piensa: ¡Oh! ¡Pavimento de hojas! ¡Bellísimo! Una alfombra real hecha de tierra de un dorado resplandeciente. El cerebro de un artista es asociativo y espontáneo. Establece nuevas conexiones, ligando imágenes para evocar significados, como la mitología nórdica, en que llamaban a un barco «caballo de las olas». El nombre Skywalker de* La Guerra de las Galaxias *es un precioso destello de pensamiento artístico.*

Danny Gregory adopta una visión similar en *The creative license* (2006) cuando sugiere que, al realizar un dibujo, el hemisferio izquierdo de tu cerebro empezará diciéndote «No puedes dibujar» o «Es demasiado complicado». Llegados a cierto punto, dice, esta parte del cerebro se aburrirá y retirará, dejando libre tu hemisferio izquierdo, que «posee un menor sentido del tiempo, o normas o rigidez y te llevará a un estado de relajación alfa».

Este principio puede aplicarse a todo; lo más difícil es empezar, permitiéndote el lujo de hacer algo creativo exclusivamente para ti.

Generación de ideas

¿De dónde extraen las personas sus ideas? Existe una variedad de fuentes y detonantes y, cuanto más abras tu mente al aprendizaje y emplees diferentes acercamientos y técnicas, más fácil te resultará identificar nuevas ideas.

Si quieres estimular tu mente para la creación de ideas, el secreto está en relajarse y dejar que el subconsciente haga el trabajo. Las soluciones a menudo llegan cuando menos las esperamos, al dejar de buscarlas y dedicarnos a otras tareas. Ya hemos mencionado que puede ocurrir cuando uno se dedica a una labor mundana como lavar el coche, planchar o dedicarse a una actividad física.

Lo importante es que cuando tu mente esté despejada y las ideas circulen con libertad, hay que aprovechar al máximo este tiempo especial. Si sientes que has comenzado un momento creativo debes capturar tus pensamientos porque llegarán a una ritmo sorprendente. Hay quienes encuentran fácil generar ideas, pero para la mayoría supone un desafío y necesitan algún método que les ayude a estimular su inconsciente. Cuando sientas que tu creatividad está siendo sofocada y reprimida, tómate un descanso y dedícate a algo completamente distinto. Concédete tiempo libre y dedícalo a darte un capricho. Apóyate en otras personas y empléalas para probar tus ideas, por insensatas que sean. Construye a partir de pensamientos fugaces para establecer conceptos más tangibles. Desaprende lecciones de la infancia; di «puedo» en lugar de «soy incapaz».

Un modo de conseguirlo es asegurarte de tener siempre a mano algo con lo que registrar estos momentos. Puedes emplear recursos sofisticados o tradicionales como una libreta, una PDA o pequeñas grabadoras. En anteriores capítulos se explicó la práctica de llevar un diario como una especie de catálogo de sus mejores ideas.

Hay quienes descubren que necesitan crear un ambiente especial para ser creativos, lo mismo puede ser un lugar concreto como una mesa o una habitación de casa que se convierte en santuario de su tiempo de reflexión. En este entorno se pueden arreglar unas condiciones especiales y, como el niño que se prepara para un examen, disponen de papel en blanco y lapiceros bien afilados y se encierran aislándose del resto de la familia para dedicarse a sus proyectos. Otras personas prefieren salir a correr o tomar parte en algún tipo de actividad física.

Estas sesiones creativas pueden ser extenuantes y puedes experimentar una gran producción creativa seguida de periodos en los que encuentres difícil concentrarte. Las complicaciones llegan cuando tratas de forzar el fluir de ideas en lugar de esperar a que ocurra. Puede que hayas notado que te sientes cómodo en ciertos momentos del día, si has experimentado esta sensación, probablemente sepas si eres una persona de día o un noctámbulo. Quien posee tendencia a la nocturnidad posee más energías por la noche, justo cuando el resto se prepara para acostarse, ellos se espabilan y suelen querer salir a la calle. Tienen hambre y les resulta complicado conciliar el sueño antes de medianoche. El individuo de día, en cambio, no puede quedarse en la cama por la mañana. Normalmente se despierta pronto, pero por las noches le cuesta permanecer despierto más tarde de las 10:30.

Muchos de nosotros, por la naturaleza de nuestro trabajo, hemos pasado años tratando de adaptar nuestro reloj biológico a las exigencias del empleo. Comprender cómo responde tu cuerpo puede ser útil para sacar el máximo provecho de cada situación. Hay unas cuantas cosas que puedes hacer para facilitar el flujo de ideas. Potenciar los sentidos, por ejemplo, puede tener un gran efecto sobre la creatividad. Identificar imágenes, composiciones musicales y sonidos que encuentras evocadores puede mejorar tu capacidad para comenzar y ayudarte a continuar.

¿A quién conozco que me inspire?

En el capítulo 11 se resalta la importancia de trabajar con una red de contactos, pero podría haber una o dos personas de tu entorno que tengan la habilidad especial de inspirarte. Aprécialos y valora lo que pueden ofrecerte, y comprueba si tú también puedes inspirarles a ellos. Encontrar un alma gemela es una sensación muy especial; nunca des por sentada una relación. Puede que te interese encontrar un asesor creativo, alguien que de verdad comprenda el proceso creativo o posea un talento particular y te ayude a desarrollar tu creatividad.

En el capítulo 6 hablé de ser original y de la importancia de animar a los niños con talento a mantener su diferencia. También es importante reconocer la actividad sincrónica. Cuando dos o más personas tienen pensamientos similares suele describirse como sincronicidad, especialmente si estas personas no se conocían previamente. Cuanto más exploras tu creatividad, cuanto más te abres y compartes tus pensamientos con el resto, mayores son las probabilidades de que ocurran estas sincronías. Si sigues una línea concreta de pensamiento encontrarás escritores e investigadores que piensan como tú. Cuando publiqué mi investigación *Mavericks Talking* muchos de los encuestados contactaron conmigo asegurando que tenían dificultades para identificar su aportación porque sentían que podían haber contestado cualquiera de las respuestas del informe de tan similares que eran sus razonamientos a los del resto.

En términos de creatividad, trabajar con personas de ideas afines puede ayudarte a explorar las tuyas. Todos tenemos preferencias respecto al modo en que producimos ideas. Algunos de nosotros preferiremos ser quienes las enuncian y, si eres uno de ellos, como señalé en el capítulo 2, puede que estés rebosante de buenas ideas. Puede ser útil identificar a alguien que sepa desarrollar tus planteamientos y llevarlos un nivel más allá, del mismo modo en que puede ser práctico tener a alguien que sepa evaluar las propuestas, valorando cuáles son realistas y realizables.

Una vez que la idea ha sido analizada y puesta a prueba necesitarás a alguien que pueda ayudarte a planearla y ponerla en práctica. Y una vez ejecutada, alguien debería medir su efectividad y, en el caso de que sea necesario, compartir la experiencia con otros. De este modo, todo un grupo de individuos con diferentes preferencias puede trabajar de manera conjunta en la implementación de una idea empleando sus puntos fuertes.

A continuación, algunas ideas para ayudarte a estimular tu creatividad:

- Dedica tiempo a identificar lo que realmente te inspira. ¿A dónde vas para estimular tu creatividad? ¿Con qué frecuencia descansas para pensar? ¿Qué oportunidades dedicas fuera del trabajo a ver o tomar parte en actividades creativas? Intenta visitar galerías, museos, teatros y conciertos.
- ¿Conoces a gente que piense de manera diferente a ti? ¿Qué podrías aprender de ellos? ¿Posees una mentalidad abierta? ¿Con qué frecuencia dices «Intentemos esto» en lugar de «Ya lo intentamos antes; no funcionará»?
- ¿Cuándo fue la última vez que hiciste algo creativo? Aprovecha las oportunidades de ser creativo: escribe dibuja, dedícate a aficiones originales. ¿Hay algo diferente que realmente te apetezca hacer?
- Comparte ideas con otras personas; emplea el «pensamiento expuesto», por el que las ideas se incuban en un proceso constante de tormenta de ideas en el que quienes originan las ideas permiten que otros añadan su aportación. Piensa creativamente. ¿Posees contactos en otras partes del mundo que puedan ampliar tus conocimientos?
- Practica el pensamiento lateral; emplea diferentes herramientas y técnicas para ayudarte a pensar con mayor creatividad. No te aferres al pasado; sé un pionero adoptando nuevas metodologías de trabajo. Disponte a experimentar con maneras diferentes de trabajar.
- Comparte tus ideas con compañeros de diferente mentalidad; dedicad tiempo a considerar cómo podríais trabajar juntos y cómo funcionaría el proceso. Comprende que habrá gente que será creativa trabajando dentro del plan oficial de estudios mientras que otros

preferirán dedicarse al proceso de generación de ideas. Juega con los puntos fuertes de tus compañeros.

- Establece conexiones con otras escuelas e institutos. Piensa cómo podrías promover proyectos imaginativos para tus estudiantes. ¿Cómo podrían relacionar tus ideas en diferentes partes del programa de estudios? Las limitaciones diarias de los horarios y el temario podrían dificultar la gestación de productos o procesos genuinamente nuevos; explora de maneras creativas tu ambiente como un banco de pruebas. Ten en cuenta métodos alternativos para aumentar la producción.
- Evalúa el mercado educativo. ¿Quiénes son los promotores? Identifica nuevas tendencias y prepárate para analizar su potencial aplicación en beneficio de la escuela. ¿Quiénes son los imitadores? ¿Qué ventajas supone ser el primero en comercializar un servicio? ¿Tienes una idea comercial que pueda aplicarse al mercado educativo? ¿Cómo podrías aplicar lo que has descubierto a tu centro o a la totalidad del sector?
- Cuando os enfrentéis a un problema dentro de la escuela, invita a tus compañeros a considerarlo de manera original desde diferentes perspectivas. Recurre a técnicas creativas como la tormenta de ideas o DAFO (puntos fuertes, debilidades, amenazas y oportunidades). Puntos fuertes y debilidades generalmente se aplican a factores internos actuales; amenazas y oportunidades, a futuras influencias externas. Plantea nuevas maneras de ocuparse de los problemas.
- Elabora una plantilla de preguntas de exploración que te ayude a plantear nuevas ideas al resto de tus compañeros. ¿Qué ventajas aportarán a nuestros alumnos, a otras escuelas y a la educación en general? ¿Por qué no se ha hecho antes? No todas las ideas tienen por qué ser nuevas. No «reinventes la rueda»; dedica tiempo a comprobar qué funciona bien y encuentra maneras de desarrollarlo o nuevas formas de emplear ideas existentes en la escuela. Sigue las ideas cuidadosamente a través de la etapa de la implementación, dando cuenta del avance y los problemas de cada etapa. Una vez puesto en práctica, sigue con regularidad sus éxitos.
- Asegúrate de que las propuestas no se abandonen prematuramente. Cuando las ideas no funcionen según lo planeado, aprovecha la oportunidad para revisar los motivos. Habitúate a plantearte «¿De qué otra manera podría hacerlo la próxima vez?». Anima y escucha las propues-

tas de los alumnos, que podrían cambiar el *statu quo*. No siempre abandones una idea porque no haya funcionado en su primer acercamiento; las buenas ideas suelen fracasar en los primeros intentos de ejecución. Con planificación cuidadosa y análisis, es posible volver a aplicarlas con mucho más éxito en esta segunda ocasión.

- Prepárate para defender una idea en la que creas apasionadamente. Trabaja para mantener el apoyo a lo largo del ciclo vital de la idea.
- Identifica compañeros con diferentes puntos de vista en cuya opinión confías para revisar tu postura y aportarte respuestas críticas. Somete tus ideas a exámenes rigurosos.
- Algunas personas tienen problemas a la hora de traducir su visión a una estrategia de implementación; encuentra a otros que te ayuden a materializar tu sueño. Identifica quiénes serían eficientes mentores o mecenas de tus ideas en tu red de contactos. Reúnete con ellos regularmente para ponerlos al día de los progresos y «utilízalos» como terreno de pruebas.

¡Un poco de magia!

No importa lo motivado que estés, habrá ocasiones en que necesites recargar o estar inspirado para avanzar a la siguiente etapa. Este apartado trata sobre cómo conseguir ese impulso, la energía necesaria para continuar el viaje en busca de tu potencial creativo.

¿Hay alguna música en concreto que te relaje o anime? ¿Hay alguna fotografía o imagen que, al contemplarla te invite a formar parte de la escena? ¿Tienes lugares favoritos o personas a las que visitar para reenergizarte y volver a «centrarte» (sentirte en paz)? ¿Pones en tu campo de visión frases especiales que te inspiran? Bastantes personas con las que he trabajado crean sus propios libros personales, en los que recogen sus pensamientos y consideraciones acerca de cómo se sienten, sus objetivos, dibujos y citas como registro del avance que realizan. Es la idea de los diarios ilustrados expuesta en el capítulo 4. Además de nuestra colección de momentos personales, hay técnicas que podemos usar para ayudarnos.

Visualización

Algunas personas poseen lo que se denomina «memoria fotográfica», una maravillosa ventaja en exámenes, pero incluso más útil para traer a la memoria recuerdos visuales con los que rejuvenecer y energizarse. Imagina poder recordar una escena de tu álbum de fotos en tres dimensiones, color y sonido estereofónico cada vez que estés pasando un mal día. Exploramos posibles utilidades prácticas para el aula en el capítulo 4, pero también se aplica para la automotivación.

La visualización es una herramienta que todos podemos emplear para alimentar nuestro subconsciente con estímulos visuales impactantes. Podemos guardar en nuestra cabeza imágenes positivas de momentos en que tuvimos éxito o instantes de gran dicha y felicidad, o simplemente la imagen de una playa tropical con arena plateada y olas de un azul imposible rompiendo lejos en la distancia. Podemos entrenarnos para oír los sonidos; podemos sentir el calor del sol o la textura de la arena.

Aprovecha al máximo cada día

¿Recuerdas tus asambleas escolares? Se suponía que debían implicar algo más que simplemente sentarte inquieto en un frío suelo de madera. La idea era que las charlas y los himnos te inspiraran a volver a clase dispuesto a aprender para crecer y hacer grandes cosas. ¿Empiezas el día con un pensamiento motivador? ¿Haces realmente una afirmación positiva, «¡Hoy va a ser un gran día!», antes de saltar de la cama? Al final del día, ¿haces recuento de tus asuntos pendientes para permitir que tu mente los resuelva durante la noche?

Sé un niño

Al ver niños y niñas jugando, generalmente vienen a la mente dos pensamientos. Uno es el asombro ante cómo una tarea les puede absorber por completo, particularmente si es táctil, relacionada con pintura, arena o construir algo. El segundo es la enorme cantidad de energía que tienen, siempre están en danza, corriendo de un lado para otro, levantándose e intentándolo de nuevo. ¿Cuándo fue la última vez que tuviste tal energía?

De vez en cuando, libera al niño que hay en ti. Olvida las responsabilidades, sé indulgente, haz cosas que te proporcionen verdadero placer, come alimentos infantiles, mira dibujos animados en la televisión, haz un rompecabezas, haz un castillo o pinta: olvida al adulto que eres, ¡sé un niño!.

Piensa acerca del entorno que te rodea

Puede que no todos vivamos donde nos gustaría, pero entre las cuatro paredes de tu casa, apartamento o estudio puedes personalizar el espacio para reflejar tu propio gusto e imaginación. Algunas personas adoptan los principios del *feng shui*, existen infinidad de cosas que puedes hacer para crear un ambiente que te permita descansar y desconectar del resto del mundo. Hablo de una necesidad particularmente acuciante cuando se trabaja en ambientes educativos especialmente duros. Del mismo modo, puedes invertir en un par de muebles, o cuadros, o vajilla, que te inspiren por sus cualidades estéticas. Disponer de café recién molido, el periódico en la puerta, o flores frescas en el pasillo, son detalles que pueden convertir una casa en un hogar. Hay un anuncio en televisión acerca del desayuno en Nueva York. No puedo evitar, al verlo, oler los gofres, ver las rosquillas y desear beber café. Hay un anuncio similar de la sección de alimentación de una famosa cadena de supermercados del Reino Unido que también apela a los sentidos. ¿Tu hogar estimula tus sentidos?

Haz algo excitante, interesante o desafiante con otras personas

La gente cada vez vive más por su cuenta y, aunque los profesores son frecuentemente sociables, juntándose fuera de la escuela o instituto pueden tener la oportunidad de conocer gente diferente, recaudar dinero para ONG, implicarse en proyectos, o realizar alguna aspiración. Obtener una nueva perspectiva de la vida, posiblemente, vivir en un país diferente, salir a pasear o permitirse unas escapada al extranjero pueden ser algunos de los estímulos que necesitas.

Las investigaciones demuestran que los jóvenes y las jóvenes esperan más de la vida. ¿Y qué ocurre con sus profesores?

¡Aprovecha el momento!

Si te cuesta ser infantil, al menos reconoce la necesidad de descansar y hacer cosas vivificantes que generalmente no haces por estar demasiado ocupado. Repasa tu agenda e identifica las ocasiones en que sabes que puedes evadirte, planéalas y haz todo lo posible para cumplir con lo previsto.

También es importante darse cuenta de que no todo acto de creatividad requiere gran planificación y profundas reflexiones. Es muy fácil entrar en una tienda de arte y comprar lo necesario para pintar un cuadro, e incluso más fácil, comprar un bolígrafo, lapiceros y un cuaderno en el que dibujar. En el otro extremo, en el actual mundo global todo es mucho más accesible. Si buscas inspiración, aparte de los museos y galerías de arte locales, una visita al Guggenheim Museum de Nueva York o a Venecia, o comer en París es algo dentro de las posibilidades de la mayoría. Aunque requiere una cierta disposición mental, la filosofía «levántate y anda» que afirma: «Hagamos algo completamente diferente con el tiempo que nos queda de vida».

No hay dibujos malos. Los dibujos son experiencias.
Cuanto más dibujas, más experiencia consigues [...]
Desembarázate del deseo de perfección de tu ego.
Acepta riesgos, crece, crea tanto como puedas, siempre que puedas.
(Danny Gregory, *The creative license*, 2006)

11

Otras vías. Cómo enriquecer tu vida

Conectar con los propios sueños provoca pasión, energía y entusiasmo por la vida [...] La clave está en descubrir tu Yo ideal, la persona que te gustaría ser, incluyendo a lo que aspiras en tu vida y trabajo [...] Desarrollar esa imagen ideal requiere un alcance profundo a nivel visceral. (Daniel Goleman y otros, *El líder resonante crea más*, 2002)

Si eres profesor, asesor, o diseñador del aprendizaje, puede que pases la mayor parte de tu vida laboral ayudando a otros a volar alto pero, ¿y qué hay de ti? ¿Cuál fue la última vez que pensaste acerca de tus ambiciones, sueños y esperanzas? ¿Cuándo te permitiste un rato libre para el pensamiento creativo o enriquecer tus sentidos?

Si quieres aprender a remontar el vuelo, antes de despegar tienes que hacer uso de tus conocimientos innatos acerca de ti mismo y explorar realmente tu potencial para ayudarte a alcanzar la mayor altura posible.

¿Has logrado todo cuanto quieres conseguir en la vida? ¿Has desarrollado todo tu potencial? ¿Cómo te sientes ahora? ¿Cómo te has sentido al despertar? ¿Estabas motivado, rebosante de energía, ansioso por levantarte y comenzar el día? ¿O has apagado la alarma y te has cubierto la cabeza con las sábanas deseando dormir un rato más?

Muy pocos de nosotros tenemos la suerte de despertar de manera natural cada día cargados de optimismo. Sin embargo, podemos encontrar maneras de enfocar nuestras fuerzas de una manera más positiva. Si te dedicas a ayudar constantemente a otros es muy fácil que acabes desatendiéndote a ti mismo. Si tratas de ser más creativo o de ayudar a otros, es importante ser capaz de recargar tus baterías y desarrollar resistencia interna. Este capítulo profundiza acerca del tiempo que debes dedicarte a ti mismo, que también influirá en tu trabajo con otros. También está relacionado con muchos de los capítulos anteriores, por ejemplo, en el contexto del trabajo por la marca Yo explicado en el capítulo 9. ¿Cuál es tu marca personal?

¿Confías en ti mismo?

Podrías ser una de esas personas mencionada en el capítulo 5 en relación con el estudio realizado por la Carnegie-Mellon University entre varios cientos de «trabajadores del conocimiento»:

> *Los mejores trabajadores buscan el* feedback, *quieren saber cómo les perciben los demás porque comprenden que ésa es una información valiosa. Puede que ése sea en parte el motivo por el que aquellos que son conscientes de sí mismos son mejores profesionales. Es de suponer que su autoconciencia les ayuda en un proceso de mejora continua.*

Conocer sus puntos fuertes y debilidades y acercarse a su labor de acuerdo con ellas son competencias encontradas en prácticamente todos los trabajadores destacados. Los autores del estudio afirmaron: «Los astros se conocen bien a sí mismos».

Por otro lado, puedes sufrir la inseguridad de quienes contestaron a la investigación sobre «inconformistas» del capítulo 2: «conseguir que otros entiendan lo que tienes en la cabeza y lo aprecien», o «nunca estar convencido de haber terminado o de que sea suficientemente bueno».

Mucha gente creativa padece inseguridad. Artistas, escritores, actores y presentadores hablan con frecuencia de ese momento de nerviosismo antes de su actuación, exposición o publicación de un libro. Mientras que, por un lado, este miedo proporciona una incertidumbre que les ayuda a obtener mejores resultados, siempre tienen que superarlo. ¿Hasta qué punto eres consciente de ti mismo y de tus capacidades?

Como afirma Goleman, no importa lo seguro que estés de ti mismo, para realizar todo tu potencial tienes que indagar y cavar un poco más profundo. Llevar a cabo tu propio viaje de descubrimiento puede tener una verdadera relevancia cuando tratas de ayudar a otras personas a desarrollar su potencial.

Las conferencias de negocios empresariales suelen empezar con música inspiradora, o videos que muestran la visión y valores de la compañía acompañados de imágenes y música contundentes. Muchos seleccionadores deportivos nacionales proyectan grabaciones de sonido e imágenes que inspiren para ayudar a sus equipos a concentrarse en la victoria. Cada vez se reconoce más la importancia de visualizar y experimentar a qué sabe el éxito.

Conocimiento de uno mismo

A continuación, algunas cuestiones para ayudarte a conseguir dominio sobre ti mismo:

- *¿Qué sé realmente acerca de mí?* El modo en que te describes al resto es sólo la punta del iceberg. Por debajo van toda una mezcla de esperanzas, miedos, actitudes y comportamientos. Cuando solicitas un trabajo frecuentemente se te pide que completes una serie de test que pueden ofrecer información acerca de los rasgos de tu personalidad, destrezas y aptitudes. Si permaneces muchos años en un mismo puesto puede que no tengas la oportunidad de obtener una gran comprensión acerca de ti mismo. Cuanto más te conoces, comprendes mejor cómo responderás a ciertas situaciones. Así que aprovecha cada oportunidad que se te presente de elaborar un autorretrato. Trata de observar a otra gente y el modo en que reaccionan a diferentes circunstancias. Si piensas hacer algo diferente, aprovecha la oportunidad para ponerte en forma mentalmente.
- *¿Qué se me da realmente bien?* Una de las carencias de la sociedad en general es ofrecer a las personas suficientes reacciones positivas acerca de lo que han hecho bien. Muy pocas veces damos las gracias personalmente cuando alguien ha hecho algo por nosotros. Del mismo modo, las personas no suelen saber cómo reaccionar cuando se les dan las gracias o se les hace un cumplido; suele despertar bastante incomodidad. Saber qué se te da bien y saber reconocer y agradecer al resto su aportación son partes importantes a la hora de generar confianza. Como primer paso para alcanzar el conocimiento de uno mismo puedes hacer una lista de tus puntos fuertes.
- *¿En qué me gustaría mejorar?* Además de conocer tus destrezas, también es importante identificar áreas en las que debes seguir trabajando. Identificándolas por ti mismo puedes aceptar la responsabilidad de mejorarlas. Todos tenemos aspectos en los que nos gustaría mejorar, pero también puede haber terrenos en los que digas: «Lo

cierto es que no creo que sea capaz de hacerlo mucho mejor. ¿A quién conozco con quien pueda trabajar para complementar nuestras habilidades y pueda serme de ayuda?» En términos de desarrollar tu creatividad, ¿qué campos te interesan realmente? ¿Qué te gustaría hacer? ¿Es sólo cuestión de práctica o necesitas formación?

- *¿Cómo reacciono bajo presión?* Hay una madurez de enfoque que sólo se alcanza a través del autodescubrimiento. Existe una gran diferencia entre soportar el estrés y saber responder a la presión. La gente puede reaccionar de manera positiva y, de hecho, soportar una cierta presión; pero el impacto físico del estrés puede ser muy diferente. Deberías plantearte qué te agobia y encontrar maneras de sobrellevarlo. Mantenerte física y mentalmente en forma puede ser una parte importante de tu preparación para aprovechar la vida al máximo.
- *¿Qué me moverá a la acción?* Uno de los mayores motivos por los que la gente no aprovecha sus vidas al máximo es que siempre hay una excusa para no empezar, para desviarte de tus objetivos o para abandonar cuando las cosas se complican. Si comprendes cómo motivarte y te estableces objetivos realistas, de pronto resulta más fácil comenzar y seguir adelante.
- *¿Qué es realmente importante en mi vida?* Antes de comenzar el viaje de autodescubrimiento, siempre es útil evaluar la situación e identificar qué es importante para ti, especialmente si te interesa hacer las cosas de manera diferente. Necesitas establecer lo que quieres e identificar y valorar lo que no tiene tanta importancia. Otra manera de prepararse es arreglando el desorden que te rodea.
- *¿En quién confío para que me ofrezca opiniones?* Todos necesitamos el *feedback* del resto, porque nos ayuda a crecer, a avanzar y a alcanzar comprender mejor nuestras fuerzas y aspectos por desarrollar, pero también es necesario dar con la gente adecuada para proporcionárnoslo. Desafortunadamente, muy poca gente sabe ofrecerlo correctamente. Trata de encontrar personas en cuya opinión confíes y pídeles que te ayuden a entenderte mejor.

Cuanto más profundices más capacitado estarás para automotivarte y aprovechar tu energía y talentos en pos de alcanzar tus ambiciones, no sólo para aumentar tu creatividad. Muchas esperanzas y sueños nunca llegan a concretarse porque la gente se complica y dificulta su consecución. Cuanto mejor te conozcas a ti mismo, más capacitado estarás para facilitar las situaciones o identificar el apoyo que necesitas para alcanzar lo que más deseas en la vida.

¿Y cómo se pone en práctica este conocimiento de uno mismo?

La respuesta es que sólo puedes hacerlo a través del enfoque, teniendo una visión y unos valores claros, y reconociendo lo que realmente puedes conseguir si dedicas tu talento. La enseñanza es una profesión donde uno suele tener el puesto asegurado; y por tanto es fácil desarrollar una carrera sin llegar a explotar tu potencial al completo. Puedes trabajar increíblemente duro, y es posible hacerlo desaprovechando tus capacidades sin reconocer qué más podrías hacer y qué podrías compartir con el resto.

Eres el factor más importante a la hora de desarrollar tu potencial. Resulta muy fácil aceptar lo que se ha conseguido y abandonar las ambiciones. Puedes estar tan ocupado desarrollando a otros que te olvides de perfeccionarte a ti mismo. Otros podrán ayudarte pero, en última instancia, es tu fuerza de voluntad la que decidirá entre una vida a la deriva o desarrollar todo tu potencial. Mucha gente siente que podría ser brillante si se les diera la oportunidad; por difícil que parezca, tenemos que dar ese primer paso por nuestra cuenta.

¡Cree en ti mismo!

Imagina la escena: das con una idea, es novedosa y diferente, pero implica un grado de riesgo. Algo en tu interior te dice que podría funcionar. Tu pareja, amigos, familiares o compañeros del trabajo, no obstante, te previenen advirtiéndote de que es muy arriesgado, cuando no directamente que no funcionará. ¿Qué haces? No tienes más evidencias de su potencial que un presentimiento de que merece la pena intentarlo. Mucha gente dudaría, especialmente si se sienten muy cercanos a quien emite el juicio y respetan su opinión, y quizás una voz en tu interior te dice que podría estar en lo cierto. Abandonas la idea, canalizas tus energías en otra cosa y, seis meses o un año más tarde, alguien triunfa con una idea parecida. ¿Cómo te sentirás entonces?

Las ideas de negocio más brillantes son simples, a menudo parten de alguien que se arriesga. Este libro no pretende invitar a arriesgarse disparatadamente, sino más bien a ir más allá de los «¿y si?» y, en algún caso, adoptar riesgos calculados o adentrarse en lo desconocido. Los grandes exploradores, inventores o científicos tienen que hacer eso exactamente porque frecuentemente nadie ha estado antes en su lugar.

Las aspiraciones de mucha gente corriente consisten en hacer lo que han visto a otros hacer con éxito. Tenemos modelos o casos de estudio. En la mayoría de ellos, alguien habrá estado allí antes que tú y puedes aprender de su experiencia. Pero, aparte de aprender de otros, es importante confiar en uno mismo, anhelar conseguir algo o tener una fuerza motriz que te impulse por encima de los demás o las situaciones que sientes que te retienen.

Trabajar con una red de contactos

Otra fuente importante de apoyo son tus contactos; las mejores relaciones se construyen a lo largo de años de valoración de otras personas, mostrándose sinceramente interesado por ellos y siendo natural. Es muy fácil establecer una red de asociados, pero es necesario continuar ampliándola. Hay quienes brillan en el trabajo con socios y, en consecuencia, pueden encontrar soluciones, hablando con personas a las que conocen. Nunca es muy tarde para comenzar, y una vez empezado es fácil seguir adelante. Pero ¿cómo se empieza?

Primero considera a quién podrías incluir en tu lista de contactos. Siempre ve más allá de lo evidente. Aparte de la familia cercana, amistades y gente con la que trabajas, piensa en personas que conozcas de tu pasado, compañeros con quienes fuiste al colegio, o compañeros de anteriores trabajos. ¿Y qué tal entre las personas que te ofrecen un servicio profesional, como tu banquero, abogado, dentista o miembros de la sociedad deportiva?

¿Te pones en contacto con los padres de los amigos de tus hijos? ¿Y con los compañeros de trabajo de tu pareja? ¿Perteneces a alguna asociación profesional?

Si no te sientes a gusto con la idea de establecer contactos, afróntala de un modo que te sea cómodo. No se trata de un proceso unidireccional; los demás también te querrán entre sus colaboradores. Todo parte de la filosofía de ayudar a otros.

La gente que maneja habitualmente este tipo de redes posee contactos que van desde los muy cercanos a aquéllos con quienes trabajan en ocasiones puntuales, pero a quienes pueden llamar si necesitan su ayuda. Las mejores asociaciones son las recíprocas y aquéllas en las que es divertido estar integrado.

Alcanzar un equilibrio

Una de las preocupaciones más habituales entre la gente que trata de hacer algo diferente con su vida es el tiempo. Pese a los avances tecnológicos, la mayoría de la gente trabaja hoy en día más duro que nunca. La mayoría de las organizaciones, incluyendo las escuelas, tienen a menos personal realizando más labores. Horas extra, correcciones y actividades extraescolares, todo absorbe tiempo. En la mayoría de las familias los dos adultos trabajan y, como consecuencia, la demanda de tiempo libre es enorme. Carreteras congestionadas, pautas de viaje y jornadas de trabajo que se alargan, suponen que la gente pasa su preciado tiempo creativo en el trabajo, para llegar a casa tan cansada que cree que sólo puede sentarse frente a la tele o descansar. Y el ciclo se repite durante meses y años.

Por otro lado, puedes hacerte con el control y, aceptando las horas que consume tu trabajo, decidir aprovecharlas para dar lo mejor de ti mismo. Ciertas horas del día, sin embargo, serán para ti y te tomarás un descanso. Mucha gente trabaja en sus descansos con un sándwich en la mano. Dentro de los límites de las obligaciones escolares y los horarios, ¿se vendrá el mundo abajo por parar treinta minutos? La verdad es que probablemente no, pero la respuesta suele ser algo como: «Si descansara treinta minutos la gente pensaría que me estoy aprovechando o hago el gandul» o «¿cómo iba a poder descansar cuando mis compañeros trabajan tan duro?». En realidad, la solución depende del acuerdo en los términos, las condiciones y la cultura local reinante.

Algunas personas prefieren llegar pronto a casa aunque suponga no hacer descansos. A veces se debe a compromisos familiares o simplemente a que quieren alejarse del trabajo. De todas maneras, si eso significa llegar a casa exhausto de haber trabajado duro y sin parar, tal vez deberías considerar otras posibilidades. Por todos es sabido que el ejercicio adecuado y una dieta sana son fuentes importantes de energía; tal vez debas replantearte el modo en que has organizado tu vida y reservar tiempo para el ejercicio y la reflexión.

A las empresas e instituciones todavía les cuesta reconocer lo necesarios que son los ratos de reflexión para potenciar el pensamiento creativo. Lo difícil es reservar parte de tu tiempo a ti mismo en lugar de dedicarlo a otros. La mayoría de las personas tienen que cumplir con exigencias adicionales aparte de las laborales. Pareja, niños, padres, el piso, el jardín y el coche, todos requieren cuidados y atención. Dedica un momento a anotar las cosas que reclaman tu tiempo, añade eso a las horas que pasas en el trabajo, comiendo y durmiendo, resta el resultado a 24 y multiplícalo por 7 para calcular el tiempo de que dispones a la semana para tratar de hacer las cosas de manera diferente.

Muchos habréis obtenido cifras negativas. En ese caso deberíais establecer prioridades y volver a planear tu tiempo. Algunos libros de gestión del tiempo hablan de encontrar una hora extra u «hora mágica», que se consigue estudiando tu disposición del tiempo habitual y reprogramándolo o cambiando de prioridades.

Aunque en un principio pueda parecer una labor imposible, basta con querer hacer algo lo suficiente para acabar haciéndolo. Quien quiere alcanzar un objetivo extrae tiempo libre de agendas completamente saturadas. Lo mismo ocurre con nadadores, remeros, atletas, patinadores y deportistas de todo el mundo que se entregan a extenuantes sesiones de entrenamiento mientras la mayoría de la gente duerme todavía. Esto nos lleva al debate acerca de cuántas horas nos hace falta dormir y la importancia de llegar a conocer tu propio cuerpo, para saber cómo cargarlo regularmente con energía.

Hazte con el control

Muchas personas tienen que superar prejuicios y sentimientos pasados antes de ponerse a trabajar por una ambición, por ejemplo:

- «No lo merezco».
- «No soy suficientemente bueno».
- «Tengo que trabajar duro antes de...».
- «¿Y qué pasa con los riesgos?».
- «¿Puedo hacerlo realmente?».

Lo que les frena son aquellos que no ayudan porque alimentan sus inseguridades. ¿Realmente te ves capaz? ¿Deberíamos arriesgarnos? ¿Y si te ocurre algo, o a mí, o a nosotros?

Superar las objeciones

La cuestión al manejar objeciones es identificar de dónde provienen y por qué. Algunas de ellas pueden ser propias; uno puede llegar a sentirse casi un esquizofrénico cuando discute consigo acerca de cuándo empezar o si entregarse a la ambición siquiera. En el caso de otras personas es importante identificar el origen de dichas objeciones o por qué no quieren que hagas algo.

En gran parte se debe al miedo. Quizás tus ambiciones implican un elemento de riesgo. Si así es, a tus amigos y familiares posiblemente les preocupe tu seguridad o la posibilidad de que no vuelvas. Insisto en que todo debe ser planeado. Tienes que superar tus propios miedos y ayudar a otros a hacerlo. Aquí es donde reside la importancia de cualquier relación de respaldo y apoyo. Si te estás poniendo desafíos personales, quieres a alguien que entienda los riesgos pero que pueda aceptar la realidad.

Se suele observar a aquellos que han conseguido realizar una ambición como si estuvieran bendecidos con algún tipo de don. En realidad, el triunfo generalmente se debe a que han adoptado una actitud diferente. Realmente ponen en práctica una filosofía de «es posible» que les capacita para continuar cuando otros se rendirían, o comenzar cuando otros todavía andan con evasivas. ¿Cómo se consigue esta actitud? La primera pregunta debe ser: ¿Quieres cambiar de actitud? Si la respuesta es afirmativa, tendrás que emplear una serie de comportamientos fundamentales.

Es casi como apretar un botón que convierte el comportamiento negativo en positivo. La búsqueda de la ambición puede ser agotadora, por eso es esencial incorporar tiempos y maneras de recargar energías. Lo complicado puede ser saber cuándo hacerlo. Existen muchos métodos para la planificación. Uno de ellos es disponer de los doce meses del calendario e incluir escapadas a intervalos regulares, pongamos cada seis u ocho semanas. De este modo organizas eventos y otras actividades de acuerdo con estos plazos fijados. Una alternativa es sincronizarse con el propio reloj biológico y desaparecer para darse un respiro cuando sientes que necesitas un cambio de ambiente o un descanso. Ambas opciones tienen sus desventajas: el primer enfoque puede resultar demasiado estructurado y las cosas podrían no salir de acuerdo con lo planeado; el segundo tiene el peligro incorporado de dejarlo muy tarde, viniéndote abajo antes de reconocer los síntomas. En realidad, la ruta más sensata es reconocer la necesidad de parar y responder a tu bienestar físico y otras limitaciones programando las vacaciones *ad hoc*.

Cambio de ritmo

Durante estas pausas, piensa en cómo hacer un mejor uso del tiempo. Inicialmente puedes sentir la necesidad de recuperar el sueño o de pasar el rato mirando al vacío. Sin embargo, probablemente descubras que te sentirás mucho mejor si realizas algún tipo de ejercicio físico o te evades a algún lugar completamente diferente. Mucha gente que ha desarrollado su potencial lo hace y tiene un lugar preferido para recuperar energías.

Camina con la frente en alto

Sería estúpido pretender que es fácil hacer realidad una aspiración; después de todo, si fuera tan simple ¿dónde estaría el reto? No obstante, una vez que has identificado tu ambición tienes un enfoque diferente. Todavía puedes dedicarte a tu profesión, familia y amigos, pero estarás alimentando algo especial, como un secreto brillante escondido en los recovecos de tu mente. El logro de un reto en equipo puede crear un vínculo tan fuerte que dura para siempre. Es una motivación diferente, que provoca una sensación de calidez especial (orgullo y esperanza en las cosas por llegar) y un cariño por los recuerdos.

Dedica tiempo a satisfacer tus destellos creativos; y tienes que mantenerlo durante las malas épocas, cuando estés cansado o ausente y dudes de tu compromiso, porque si continúas haciéndolo alcanzarás un nivel de satisfacción personal como nunca antes has soñado.

Enriquecer mi vida

Consiste en:

- Identificar mis puntos fuertes y aspectos por desarrollar.
- Decidir qué quiero hacer en el futuro.
- Invitar a otros a ofrecerme *feedback*.
- Desarrollar independencia y seguridad.
- Delegar responsabilidades.
- Alentar mi talento.
- Adoptar riesgos inteligentes.
- Establecer metas realistas y alcanzables.

Plantéate las siguientes preguntas:

- ¿Qué sé de mí que pueda influir en el modo en que me desarrollo?
- ¿Quién puede ayudarme a alcanzar una mejor comprensión?
- ¿Cómo podría modificar, cambiar o perfeccionar mi comportamiento con el objetivo de madurar?
- ¿Cómo podría plantear mi desarrollo de manera creativa?
- ¿Qué innovaciones podría introducir en mi progreso?
- ¿Qué puede aportarme el desarrollo personal?
- ¿Cómo puedo apoyarme en el asesoramiento?
- ¿Cómo plantear preguntas que me ayuden a progresar?

- ¿Tengo autoestima y gran confianza en mis capacidades?
- ¿Soy resistente? ¿Estoy dispuesto o dispuesta a aceptar respuestas y reaccionar de manera positiva?
- ¿Tengo facilidad para desconectar? ¿Con qué frecuencia dedico tiempo a relacionarme con otros tanto dentro como fuera del trabajo?
- ¿Busco ampliar mis puntos de vista relacionándome con personas con diferentes intereses o sustratos, o personas que constituyan un reto para mí?
- ¿Tengo una red de contactos que me pueda estimular, apoyar y aportar energías?

Finalmente, la siguiente cita ilustra la idea fundamental de este capítulo:

La mayoría de gente abandona cuando está a punto de alcanzar el éxito.
Se retiran cuando les falta un metro para llegar.
Lo dan todo por perdido en el último minuto de partido
a un paso de la línea de gol.
(H. Ross Perot, en Exley: *Las mejores citas para las negocios*, 1997)

Referencias bibliográficas

BOLLES, R. (2004): *¿De qué color es su paracaídas?* Barcelona. Gestión 2000.

BROWN, P.; HESKETH, A. (2004): *The Mismanagement of Talent.* Oxford. Oxford University Press.

BUZAN, T. (2001): *Head Strong.* London. Thorsons.

CAMERON, J. (1995): *The Artist's Way.* Basingstoke and Oxford. Pan.

– (2002): *Walking in this World.* London. Rider.

CROUCH, N. (2000): *Innovation: The Key to Competitive Advantage.* London. Director's Guide IOD, 3M and Kogan Page.

CSIKSZENTMIHALYI, M. (1990): *Flow.* London. Harper & Row. (Trad. cast.: *Fluir: una psicología de la felicidad.* Barcelona. Kairós, 1997.)

EIKLEBERRY, C. (1999): *The Career Guide for Creative and Unconventional People.* Berkeley, CA. Ten Speed Press.

EXLEY, H. (1997): *Las mejores citas para los negocios.* Madrid. Edaf.

FISHMAN, C. (1998): «The War for Talent». *Fast Company,* 31 de julio.

FOWLER, H.W.; FOWLER, F.G. (1995): *Concise Oxford Dictionary.* 9.ª ed. Oxford. Oxford University Press.

GARDNER, H. (1993): *Frames of Mind.* New York. Basic Books. (Trad. cast.: *Estructuras de la mente: la teoría de las múltiples inteligencias.* México. Fondo de Cultura Económica, 2001.)

– (2005): *Mentes extraordinarias: cuatro relatos para descubrir nuestra propia excepcionalidad.* Barcelona. Kairós.

GELB, M. (1999): *Pensar como Leonardo da Vinci: siete lecciones para llegar a ser un genio.* Barcelona. Planeta.

GHOSHAL, S.; BARTLETT, C. (1998): *El nuevo papel de la iniciativa individual de la empresa: una innovadora y fundamental aportación al management del futuro.* Barcelona. Paidós Ibérica.

GILBERT, I. (2005): *Motivar para aprender en el aula: las siete claves de la motivación escolar.* Barcelona. Paidós Ibérica.

GOLEMAN, D. (1999): *La práctica de la inteligencia emocional: cómo llegar a ser un profesional competente.* Barcelona. Círculo de Lectores.

GOLEMAN, D.; BOYATZIS, R.; McKEE, A. (2002): *El líder resonante crea más.* Barcelona. Plaza & Janés.

GREGORY, D. (2006): *The Creative License.* New York. Hyperion.

GROSS, M.U.M. (2004): *Exceptionally Gifted Children.* London. Routledge-Falmer.

HANDY, Ch. (1997): *Más allá de la certidumbre.* Barcelona. Apóstrofe.

HELMSTETTER, S. (1998): *What to Say when you Talk to Yourself.* London. Thorsons.

JEFFREY, B.; WOODS, P. (2003): *The Creative School.* London. Routledge Falmer.

MICHAELS, E.; HANDFIELD JONES, H.; AXELROD, B. (2003): *La guerra por el talento.* Madrid. Centro de Estudios Ramón Areces.

PETERS, T. (1998): *El círculo de la innovación: amplíe su camino hacia el éxito.* Barcelona. Deusto.

— (1997): «The Brand Called You». *Fast Company,* agosto.

RIDDERSTRALE, J.; NORDSTROM, K. (2000): *Funky Business.* London. ft.com, Harlow: Pearson Education. (Trad. cast.: *Funky business.* Madrid. Pearson Alhambra, 2000.)

SENGE, P.M. (1993): *La quinta disciplina.* Barcelona. Granica.

SUTTON, R.I. (2002): *11 ½ ideas insólitas que funcionan.* Barcelona. Ediciones B.

THORNE, K. (2003): *Managing the Mavericks.* London. Spiro Publishing.

— (2004): *Employer Branding.* Surrey. Personnel Today Management Resources, Reed Publishing.

TORRANCE, E.P. (1969): *Orientación del talento creativo.* Buenos Aires. Troquel.

— (2002): *Manifesto: A Guide to Developing a Creative Career.* Westport, CT. Ablex.

TRACY, B. (2003): *Máxima eficacia: un sistema integral de planificación que le permitirá potenciar todas sus capacidades.* Barcelona. Empresa Activa.

WHITMORE, J. (2005): *Coaching: el método para mejorar el rendimiento de las personas.* Barcelona. Paidós Ibérica.

WINNER, E. (1997): *Gifted Children.* New York. Basic Books.